新世纪高职高专实用规划教材·计算机系列

SQL Server 2005 数据库应用基础教程

宋传玲　主　编

清华大学出版社
北　京

内 容 简 介

本书详细讲述了 SQL Server 2005 的使用知识。本书从高职高专的培养目标和学生特点出发，秉承"教、学、做合一"的原则，以"激发学生兴趣"为着眼点，认真组织内容，精心设计案例。本书以"学生信息管理系统"项目贯穿全过程，通过指导学生完成一系列的实际工作任务来达到课程的教学目标，重点培养学生解决实际问题的能力，实现能力训练项目化、课程结构模块化、理论与实践教学一体化。

本书教学内容适量，难易程度适中，适合高职高专电子商务、会计电算化、物流管理、审计、市场营销等经济管理类专业作为教材，也可以供其他相关专业作为教材和学习参考用书。

图书在版编目(CIP)数据

SQL Server 2005 数据库应用基础教程/宋传玲主编. --北京：清华大学出版社，2012.1（2024.1重印）
(新世纪高职高专实用规划教材・计算机系列)
ISBN 978-7-302-27745-3

Ⅰ. ①S… Ⅱ. ①宋… Ⅲ. ①关系数据库—数据库管理系统，SQL Server 2005—高等职业教育—教材 Ⅳ. ①TP311.138

中国版本图书馆 CIP 数据核字(2011)第 280174 号

责任编辑： 杨作梅　宋延清
封面设计： 山鹰工作室
责任校对： 周剑云
责任印制： 丛怀宇

出版发行： 清华大学出版社
　　网　　址： https://www.tup.com.cn，https://www.wqxuetang.com
　　地　　址： 北京清华大学学研大厦 A 座　　**邮　　编：** 100084
　　社 总 机： 010-83470000　　**邮　　购：** 010-62786544
　　投稿与读者服务： 010-62776969, c-service@tup.tsinghua.edu.cn
　　质量反馈： 010-62772015, zhiliang@tup.tsinghua.edu.cn
印 装 者： 天津鑫丰华印务有限公司
经　　销： 全国新华书店
开　　本： 185mm×260mm　　**印　　张：** 12　　**字　　数：** 284 千字
版　　次： 2012 年 2 月第 1 版　　**印　　次：** 2024 年 1 月第 7 次印刷
定　　价： 39.00 元

产品编号：044660-02

前　　言

21 世纪是一个信息时代，人类的衣食住行都离不开信息。数据库技术已经广泛地渗透到各个领域，数据库应用技术也已经成为计算机必修课程。SQL Server 2005 是 Microsoft 公司推出的数据库服务产品，是一个企业级的网络关系型数据库管理系统，越来越得到广大用户的青睐。

SQL Server 2005 课程是一门实践性较强的课程。本书旨在改变传统理论教学模式，遵照“教、学、做一体化”的教学理念，以项目为主线，采用“项目教学”、“项目分解”、“项目总结”、“项目实训”的全新模式。学生在老师的指导下，以主体地位在完成一个个具体项目任务的过程中，理解概念，掌握知识，获得技能。

本书按照学生信息管理系统项目实现的过程，将学生信息管理系统分解为 8 个子项目，阐述了 SQL Server 2005 服务器的注册和使用、数据库的创建和使用、表的创建和使用、数据的添加、更新、数据的简单查询、分组查询、索引、视图、数据库安全等内容，最后，还设计了一个综合项目“网上购物系统”，可以根据学生的实际情况进行教学。完成每个项目的过程就是理论知识的学习过程，并且每一个子项目都安排实训，加大学生实践操作能力和动手能力，实训完成的情况可以反映出学生掌握知识和技能的情况。

本书从高职高专的培养目标和学生的特点出发，秉承“项目化课程”的原则，以具体的“任务”为着眼点，认真组织内容、精心设计项目，力求简洁明了，清晰易懂。主要具有以下特点。

- 针对性强：贴近高职高专学生实际，通俗易懂，便于阅读。
- 趣味性强：实例引导，激发兴趣，增强学习者的自信心和成就感。
- 实践性强：在做中教，在做中学，教、学、做一体化。

本书由宋传玲任主编，王伦生、姚丽娟、李艳杰、刘锡冬、王轶凤任副主编。第 1、2 章由王伦生编写，第 3 章由李艳杰编写，第 4～6 章由宋传玲编写，第 7 章由姚丽娟编写，第 8 章由刘锡冬编写，第 9 章由王轶凤编写。

本书在编写过程中得到各参编院校的大力支持，在此表示感谢。

由于作者水平有限，如有错误和遗漏敬请各位同行和广大读者批评指正，并诚恳欢迎提出宝贵的建议。

编者 E-mail：chuanlingsong@163.com

编　者

目　录

项目 1　认识 SQL Server 2005

学习任务：

- 掌握数据库的基本概念。
- 了解数据库的四种数据模型。
- 了解 SQL Server 2005 软件。
- 配置 SQL Server 2005。

技能目标：

- 了解 SQL Server 2005 的工作环境。
- 了解 SQL Server 2005 的安装过程。
- 动手配置 SQL Server 2005 服务器。
- 启动 SQL Server 2005，掌握 SQL Server 2005 的连接方式。

课前预习：

- 数据库模型有哪几种？分别是什么？
- 什么是数据库？什么是数据库管理系统？
- 了解数据库的优点。

项目描述：

随着网络的飞速发展、信息技术的突飞猛进，作为各种网络应用程序的后台，数据库应用程序以难以置信的速度覆盖了各行各业。由 Microsoft 发布的 SQL Server 2005 产品是一个典型的关系数据库管理系统，以其功能的强大性、操作的简便性、可靠的安全性，得到很多用户的认可，应用越来越广泛。本项目首先介绍有关数据库的基础概念、数据库发展过程中的 4 个模型，然后主要介绍 SQL Server 2005 的基础知识、相关配置工具和数据库的管理。

项目目标：

了解数据库的基本概念(包括什么是数据、什么是数据库、什么是数据库管理系统、什么是数据库系统)和数据模型的基本知识，了解 SQL Server 2005 的安装过程，以及配置 SQL Server 2005 服务，启动 SQL Server 2005 的两种连接方式。

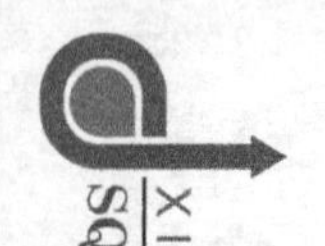

项目 1.1　初识数据库

数据库是数据管理的最新技术，是计算机软件科学的重要分支。数据库产生于 20 世纪 60 年代，它的出现使计算机应用扩展到工业、商业、农业、科学研究、工程技术以及国防军事等多个领域。建立一个满足各级部门信息处理要求的有效的信息管理系统已成为一个企业或组织生存和发展的重要条件。

任务 1.1.1　数据库基本概念

什么是数据库，它有什么作用？要回答这两个问题，首先让我们看看数据库的广泛应用。

超市收银员扫描条码，就能调出商品价格，便于快速结账；火车站售票员录入出发地和目的就能调出车次、价格及车票剩余数量，利于快速售票；到营业厅输入手机号和时间段就能打印出通话记录单；录入你的游戏账号和密码就能调出你的玩家信息；还有每天网站发布的新闻、可转载的网络小说、网络视频、博客文章等，这些信息都是存储在数据库中的。正因为有了数据库，才使我们的生活变得丰富多彩。可以说数据库已经渗透到我们生活的方方面面。经统计表明，程序员开发的应用软件，95%都需要使用数据库来存储数据。所以我们应该掌握数据库及数据库的应用。

数据库能够高效且条理分明地存储数据，它的优势表现为如下几点。

(1) 可以结构化存储大量的数据信息，方便用户高效地检索。例如我们在百度搜索想要的信息，实际上百度就是基于数据库技术把信息分门别类存储的。

(2) 可以满足数据的共享和安全方面的要求。

(3) 可以有效地保持数据信息的一致性和完整性，降低数据冗余。

(4) 数据库能够方便智能化的分析，产生新的有用信息。

关于数据库这门技术，涉及的概念很多，首先我们通过下面这张表来了解数据库的基本概念(见表 1.1)。

表 1.1　数据库相关基本概念

概　念	英 文 名	缩　写	含　义
数据	Data		数据是数据库中存储的基本对象，数据的种类很多，如数字、文字、图形、图像、声音

续表

概　念	英文名	缩　写	含　义
数据库	Database	DB	数据库(Database，简称 DB)，顾名思义，是存放数据的仓库。只不过这个仓库是创建在计算机存储设备上，如硬盘就是一类最常见的计算机大容量存储设备。数据必须按一定的格式存放，把相互间有一定关系的数据，按一定的结构组织起来
数据库管理系统	Database Management System	DBMS	数据库管理系统是管理数据库的大型软件，它能够对数据库进行有效的组织、管理和控制，包括数据的存储、数据的安全性与完整性控制等。SQL Server 2005 就是目前广泛使用的关系数据库管理系统之一
数据库管理员	Database Administrator	DBA	管理和维护数据库的人
数据库系统	Database System	DBS	数据库系统一般是数据库、数据库管理系统及其开发工具、应用系统、数据管理员和用户的集合
数据模型	Database Module	DM	数据模型是数据库管理系统中数据的存储结构

表 1.1 给出了数据库相关的基本概念，看了以后似乎明白了些，但在实际应用中它们的关系又是怎样的呢？为了更清楚地理解这几个概念，请仔细看下面这张关系图(见图 1.1)。

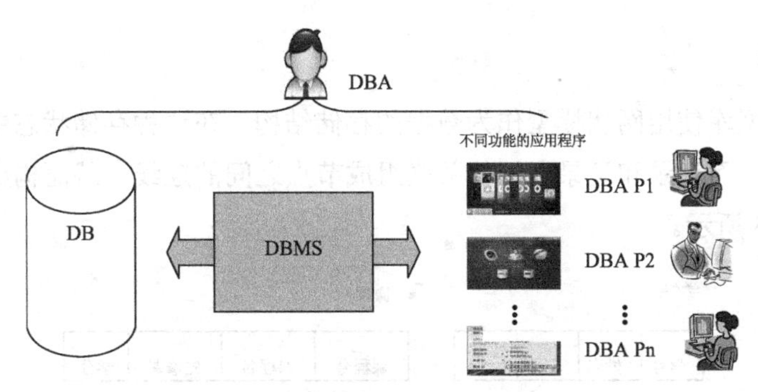

图 1.1　数据库各个概念之间的关系

提示　在不引起混淆的情况下，人们常常将数据库管理系统称为数据库。例如平时常说的 Access、SQL Server、Oracle 和 MySQL 等数据库，其实都属于 DBMS。

任务 1.1.2　数据模型

通过任务 1.1.1，我们知道了数据库的定义，数据模型是指数据库管理系统中数据的存

储结构，简单来说，就是数据库以什么样的方式来管理和组织数据的。数据模型主要有 4 种，分别是层次模型、网状模型、关系模型和面向对象模型。层次模型和网状模型属于早期的模型，现在几乎被淘汰；关系模型是目前数据库模型的主流；面向对象模型还处于试验阶段。让我们简单来介绍一下各模型的含义和特点。

1. 层次模型

层次模型数据库使用层次模型作为自己的存储结构。这是一种数据结构，它由节点和连线组成，其中节点表示实体，连线表示实体间的关系。在这种存储结构中，数据将根据需要分门别类地存储在不同的层次之中，如图 1.2 所示。

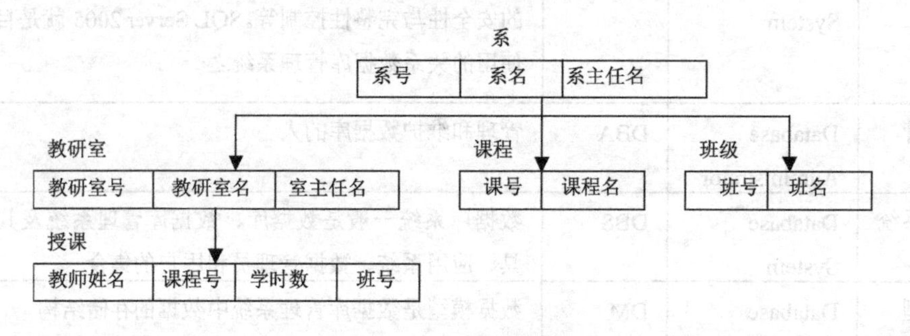

图 1.2 层次模型结构

从图 1-2 所示的例子中可以看出，层次模型的特点是数据结构类似金字塔，不同层次之间的关联直接而且简单；缺点是数据纵向发展，横向关系难以建立，数据可能会重复出现，造成管理维护的不便。

2. 网状模型

网状模型数据库使用网状模型作为数据的存储结构，在这种存储状态中，数据记录将组成网中的节点，而记录和记录之间的关联组成节点之间的连线，从而构成一个复杂的网状结构，如图 1.3 所示。

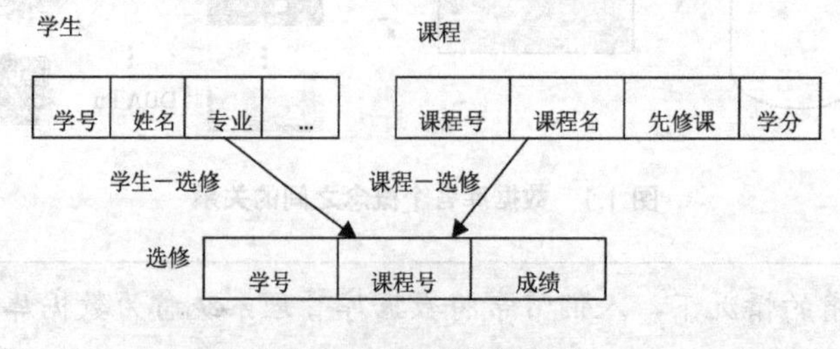

图 1.3 网状模型结构

网状模型的优点：数据之间的联系通过指针实现，具有良好的性能，存取效率较高。网状模型能够更为直接地描述现实世界，如一个节点可以有多个双亲。

网状模型的缺点：随着应用环境的扩大，数据库的结构会变得越来越复杂，编写应用程序也会更加复杂，程序员必须熟悉数据库的逻辑结构。与层次模型一样，现在的数据库管理系统已经很少使用网状模型了。

3. 关系模型

关系模型数据库就是基于关系模型的数据库，它使用的存储结构是多个二维表格。在每个二维表格中，每一行称为一条记录，用来描述一个对象的信息；每一列称为一个字段，用来描述对象的一个属性，如图 1.4 所示。

学生表

学号	课程名称	分数
1101	计算机文化基础	90
1101	C 程序设计	92
1102	高等数学	89
1103	数据结构	95
…		

学生成绩表

学号	姓名	性别	所在系
1001	王吕川	男	信息
1002	郑敏	女	信息
1003	于　丽	男	会计
1004	李立华	女	会计
…			

图 1.4　关系模型

从图 1.4 可以看出，使用这种模型的数据库概念清晰、结构简单、格式惟一、理论基础严格，而且数据表之间是相对独立的，它们可以在不影响其他数据的情况下进行数据增加、修改和删除。关系模型是目前市场上使用最广泛的数据模型，使用这种存储结构的数据库管理系统很多，如后面要详细介绍的 Microsoft 公司的产品 SQL Server 2005 就是其中之一。

4. 面向对象模型

面向对象模型是一种比较新的数据模型，它将面向对象的思想和数据库技术结合起来，可以使数据系统的分析、设计与人们对客观世界的认识一致。优点如下所示。

(1) 与关系型数据库相比，其伸缩性和扩展性有很大提高，特别是在大型数据库应用系统中，可以处理复杂的数据模型和关系模型。

(2) 避免数据库内容冗余，面向对象模型利用继承的方法可以实现数据的重用。

(3) 提高了对数据库中对象(文本、图像、视频)信息的描述、操纵和检索能力。

说了这么多优点，读者可能会问，那为什么面向对象类型的数据库还没有取代关系模型数据库呢？其实面向对象数据模型也有先天不足，最突出的缺点是缺乏关系型数据模型那样坚实成熟的理论基础，具有糟糕的运行效率。

任务 1.1.3　关系数据库

关系数据库(Relational Database，RDB)就是基于关系模型的数据库，在计算机中，关系数据库是数据和数据库对象的集合，而管理关系数据库的计算机软件我们称为关系数据

库系统(Relational Database Management System，RDBMS)。

大多数学校都使用教务管理系统，对学生的信息、课程成绩作统一管理。那么你所想到的张三、李四、王五……这些学生的信息是如何存储和管理的呢？

在关系数据库中使用数据表格来存储数据，如图1.5、图1.6所示。

学号	姓名	性别	年龄	政治面貌	民族	家庭地
200030000041	徐伟	男	18	党员	汉	湖南
200030000042	杨磊	男	19	党员	汉	湖南
200030000043	殷宏	女	19	党员	汉	湖南
200030000044	于莉	女	20	群众	汉	湖南
200130000116	薛红	女	21	党员	汉	湖南
200130000117	赵子龙	男	19	群众	汉	湖南
200130000118	于翔	女	20	群众	汉	湖南
200130000120	张斌	男	20	群众	汉	湖南
200130000121	张宏	女	21	党员	汉	湖北
200130000122	张剑平	男	21	群众	汉	湖北
200130000123	张佩青	女	19	群众	汉	湖北
200130000124	张天竹	女	20	群众	汉	江西

图1.5　学生信息表

编号	学号	课程编号	成绩
1003	200030000041	1	80
1004	200030000041	12	85
1005	200030000042	1	86
1006	200030000042	12	75
1007	200030000043	1	60
1008	200030000043	12	55
1009	200030000044	1	75
1010	200030000044	12	80
1011	200130000130	64	67
1012	200130000130	88	51
1013	200130000130	50	55

图1.6　成绩表

关系数据库是由数据表来存储信息的。数据表是由行(Row)和列(Column)组成的二维表。数据表的行通常叫做记录(Record)，它代表众多具有相同属性的对象的一个实体；数据表中的列通常叫做字段，它代表数据表中存储实体的共有属性。

那么什么是实体呢？只要客观存在的，并且可以被描述的事物就称为实体。例如一台电脑、一部手机、一栋房子、一个人、一张桌子、一本书等。

什么是属性？属性是对实体具体特征的描述。例如描述“徐伟”这名员工，可以从学号、姓名、性别、年龄等方面来描述，而“学号、姓名、性别、年龄”就称为属性。

再深入考虑一下，对不同学生的描述，其实都可以从学号、姓名、性别、年龄这几方面进行描述，但是具体到不同的学生其学号、姓名、性别、年龄的数据是不同的，不同的数据体现了不同的实体。如图1.5中徐伟、杨磊、殷宏等都是不同的实体。

提示：一个庞大的信息化管理系统，需要用到的表会有上百个甚至更多。

项目1.2 SQL Server 2005的安装

SQL Server 2005是用于大规模联机事务处理、数据仓库和电子商务应用的数据库平台，也是用于数据集成、分析和报表解决方案的商业智能平台。SQL Server 2005为了满足不同用户功能、性能等多方面的需求而提供了多种不同版本。

这里需要了解SQL Server 2005的新特性、SQL Server 2005的各种版本及特点、SQL Server 2005安装需要的硬件和软件要求、SQL Server 2005的安装方法以及SQL Server 2005的简单使用。

任务1.2.1 SQL Server 2005的版本

SQL Server 2005是Microsoft开发的基于关系数据库的管理系统，自发布以来受到广大用户的欢迎，并迅速应用于银行、邮电、铁路、财税和制造等众多行业和领域。

SQL Server 2005是一个全面的数据库平台，使用集成的商业智能工具提供企业级的数据管理和更安全、可靠的存储功能，使用户可以构建和管理用于业务的高可用、高性能的数据应用程序，可以为不同规模的企业提供不同的数据解决管理方案。SQL Server 2005的不同版本能够满足企业和个人独特的性能、运行时间以及价格要求。

下面介绍SQL Server 2005的常见版本。

1. 企业版(Enterprise Edition)

企业版达到了支持超大型企业进行联机事务处理(OLTP)、高度复杂的数据分析、数据仓库系统和网站所需的性能水平。其全面商业智能和分析能力及其高可用性功能(如故障转移群集)，使它可以处理大多数关键业务的企业工作负荷。企业版是最全面的SQL Server版本，是超大型企业的理想选择，能够满足最复杂的要求。

2. 标准版(Standard Edition)

标准版适合于中小型企业的数据管理和分析平台，它包括电子商务、数据仓库和业务流解决方案所需要的基本功能，标准版集成的商业智能和高可用性功能可以为企业提供支持其运营所需的基本功能。标准版是需要全面的数据管理和分析平台的中小型企业的理想

选择。

3. 工作组版(Workgroup Edition)

工作组版是介于标准版和精简版之间的版本。对于大小和用户数量上没有限制的数据库的小型企业，工作组版是理想的数据管理解决方案。工作组版可以用作前端 Web 服务器，也可以用于部门或分支机构的运营，它包括 SQL Server 2005 产品系列的核心数据库功能，并且可以轻松地升级至标准版或企业版。工作组版是理想的入门级数据库，具有可靠、功能强大且易于管理的特点。

4. 开发者版(Developer Edition)

开发者版使开发人员可以在 SQL Server 上生成任何类型的应用程序，它包括 SQL Server 2005 企业版的所有功能，但有许可限制，只能用于开发和测试系统，而不能用作生产服务器。开发者版是独立软件供应商(ISV)、咨询人员、系统集成商、解决方案供应商以及创建和测试应用程序的企业开发人员的理想选择，可以根据生产需要升级至企业版。

5. 精简版(Express Edition)

精简版是一个免费、易用且便于管理的数据库。SQL Server 2005 精简版与 Microsoft Visual Studio 2005 集成在一起，可以轻松开发功能丰富、存储安全、可快速部署的数据驱动应用程序。精简版是免费的，可以再分发(受制于协议)，还可以起到客户端数据库以及基本服务器数据库的作用，是低端独立软件供应商(ISV)、低端服务器用户、创建 Web 应用程序的非专业开发人员以及创建客户端应用程序的编程爱好者的理想选择。如果需要更多的高级数据库功能，可将精简版升级到更复杂的 SQL Server 2005 版本。

任务 1.2.2　安装 SQL Server 2005 的系统要求

1. SQL Server 2005 硬件的要求

为了正确地安装 SQL Server 2005 或者其客户端工具，以及满足 SQL Server 2005 正常的运行需求，需要计算机硬件环境正确配置。表 1.2 说明了 SQL Server 2005 的硬件要求。

表 1.2　对计算机硬件的要求

硬　件	最低要求
处理器类型	Intel EM64TDE、Intel Pentium IV(64) Pentium 兼容处理器或更高速度的处理器(32) IA 最低：Pentium 处理器或更高速度的处理器(64)

续表

硬 件	最低要求
内存	最低：至少 512MB，建议 1GB 或更多(32 位的企业版、开发者版、标准版、工作组版) 最低：至少 192MB，建议 512MB 或更多(32 位的精简版) IA64 最低：至少 512MB，建议 1GB 或更多(64 位的企业版、开发者版、标准版) X64 最低：至少 512MB，建议 1GB 或更多(64 位的企业版、开发者版、标准版)

2. SQL Server 2005 软件的要求

产品的软件环境要求包括对操作系统的要求以及对浏览器的要求。对于不同的 SQL Server 2005 版本，所要求的操作系统也不一样。表 1.3 说明了为使用 SQL Server 2005 各种版本而必须安装的操作系统。

表 1.3 对操作系统的要求

SQL Server 版本	操作系统要求
企业版	Microsoft Windows NT Server 4.0 企业版 Windows 2000 Server Windows 2000 Advanced Server Windows 2000 Data Center Server
开发者版 标准版 工作组版	Windows 2000 Professional Windows 2000 Server Windows 2003 Server Windows XP Professional
精简版 企业评估版	Windows 2000 Professional Windows XP Professional Windows 2000 Server Windows 2003 Server

3. 安装过程

完成了以上准备工作，就可以安装 Microsoft SQL Server 2005 了，在安装过程中 SQL Server 2005 提出了一系列选项和服务器配置问题，根据安装向导的提示即可安装。

下面以 SQL Server 2005 精简版为例介绍 SQL Server 2005 的具体安装步骤。

(1) 先将光盘放入光驱中，运行 setup.exe 文件，出现安装 Microsoft SQL Server 2005 的启动界面，如图 1.7 所示。

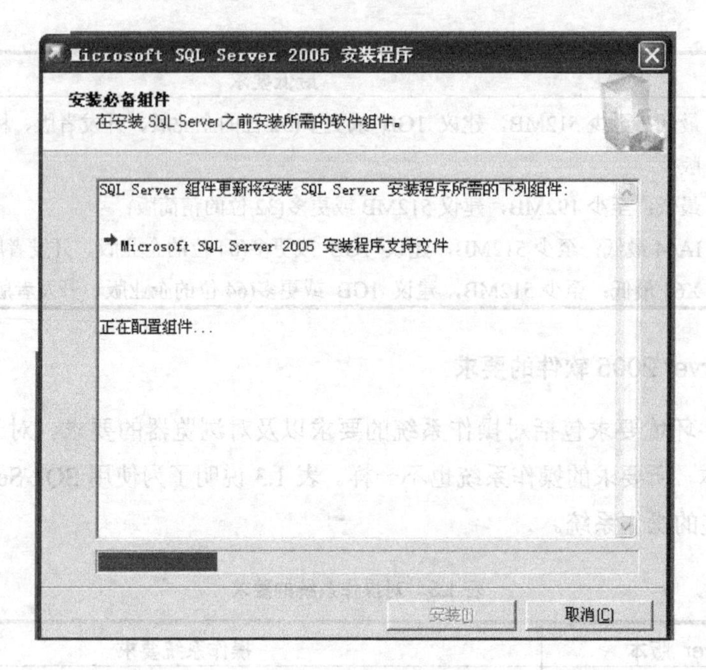

图 1.7　安装必备组件

(2) 装机必备组件检测并配置完毕后，如果系统配置检查成功，将自动弹出 Microsoft SQL Server 2005 安装向导界面。单击“安装”按钮，进入“系统配置检查”界面，在该界面中可以看到是否存在可能阻止安装程序运行的情况，如图 1.8 所示。

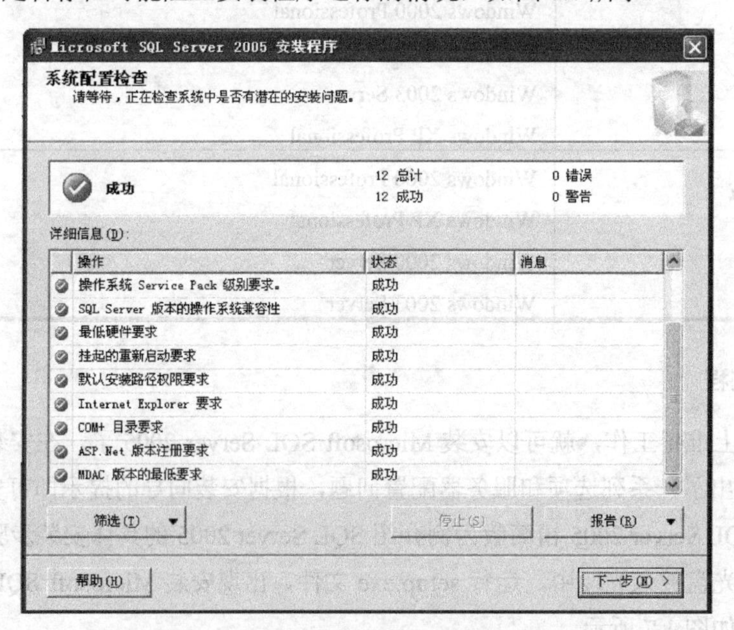

图 1.8　“系统配置检查”界面

(3) 如果没有“失败”状态，单击“下一步”按钮，SQL Server就开始安装，如图1.9所示。

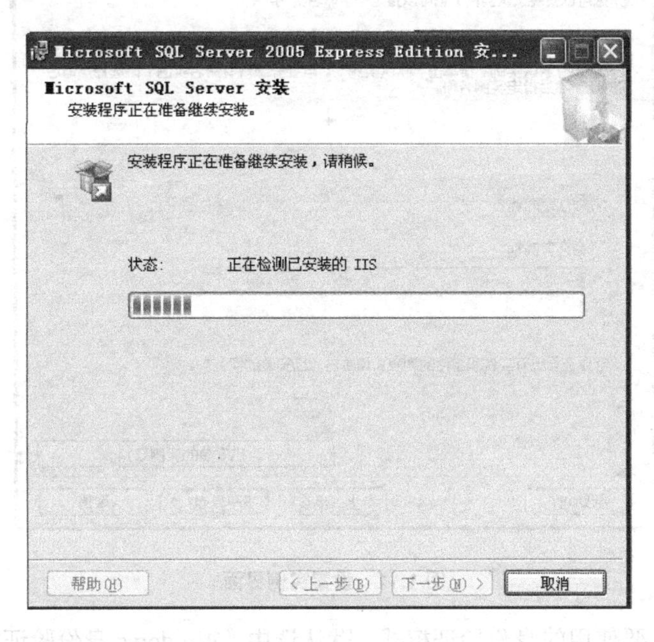

图1.9 开始安装界面

(4) 安装结束后，单击“下一步”按钮，出现“注册信息”界面，在“姓名”和“公司”文本框中输入相应的信息，如图1.10所示。

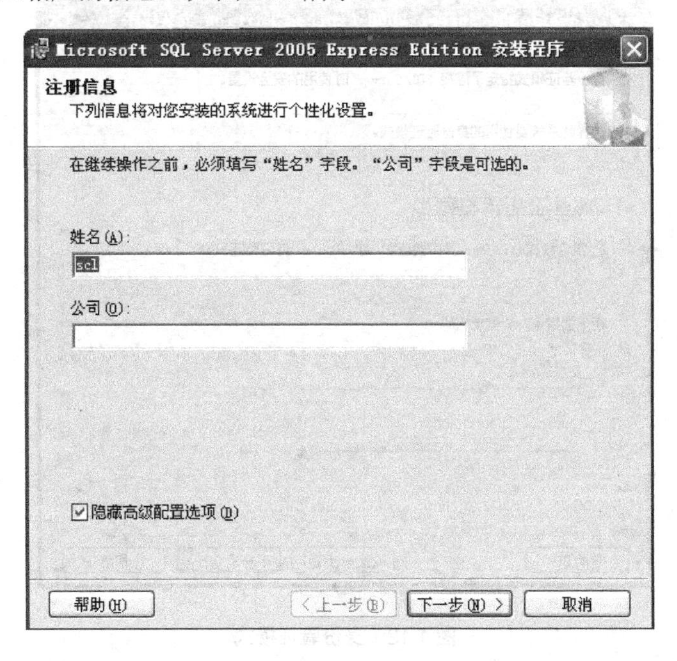

图1.10 “注册信息”界面

(5) 在“实例名”界面中，为安装的软件选择默认实例或已命名实例，如图1.11所示。

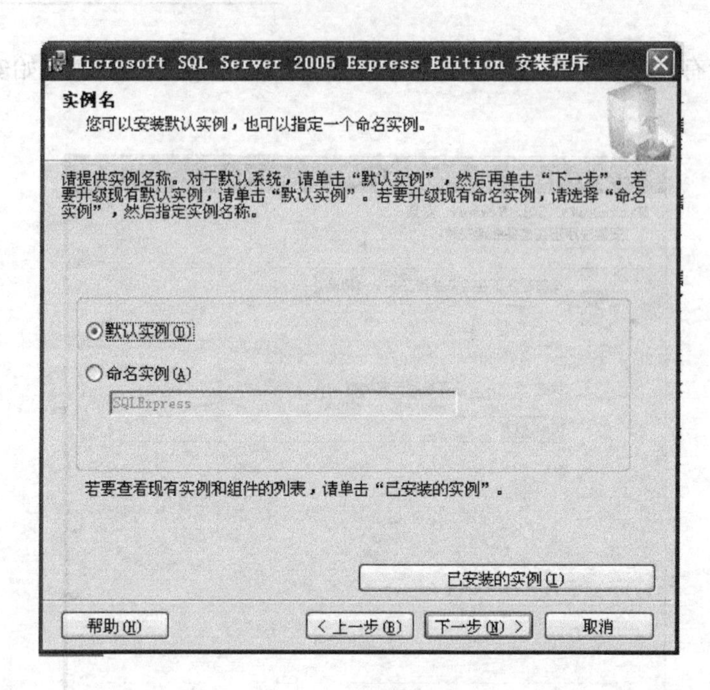

图 1.11　设置实例界面

(6) 设置系统要使用的身份验证模式。默认选中“Windows 身份验证模式”单选按钮，不用设置密码：如果选中“混合模式”单选按钮，需要设置超级用户 sa 的登录密码，如图 1.12 所示。

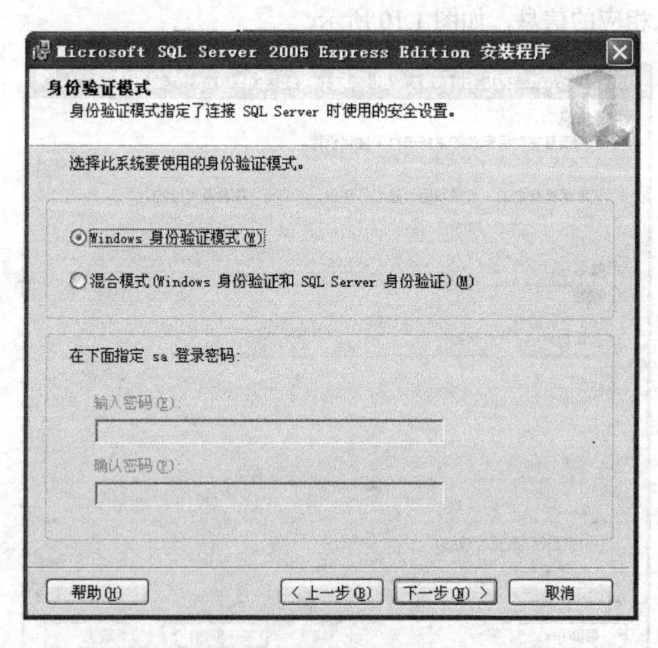

图 1.12　身份验证模式

(7) 选择身份验证模式后，单击“下一步”按钮，进入配置组件界面，如图 1.13 所示。

(8) 单击“完成”按钮即可完成 SQL Server 2005 的安装，如图 1.14 所示。

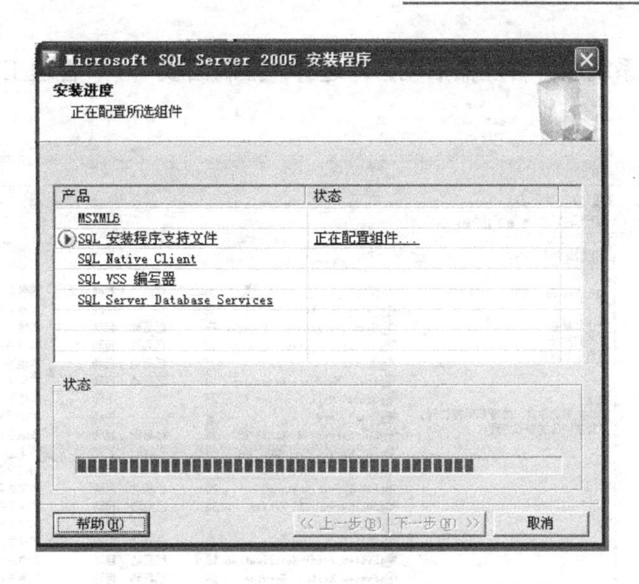

图 1.13　配置组件界面

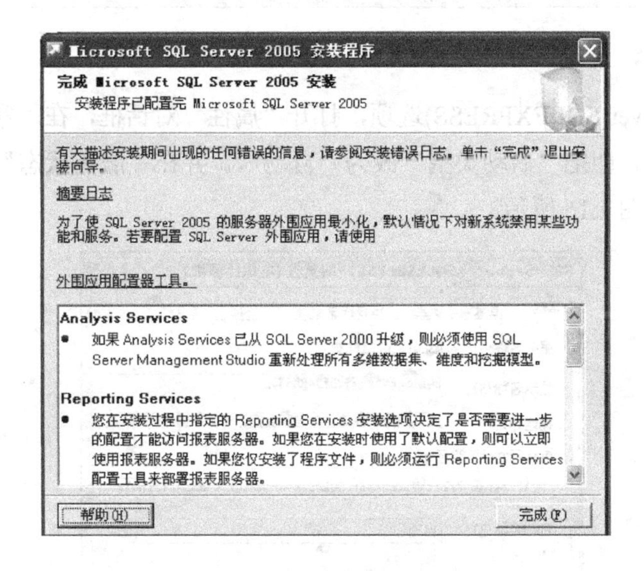

图 1.14　安装完成界面

项目 1.3　启动 SQL Server 2005

任务 1.3.1　启动 SQL Server 2005 服务

已经成功安装了 SQL Server 2005，怎样才能登录 SQL Server 管理数据库呢，先别急，连接数据库之前需要检查 SQL Server 2005 服务是否已启动，如果没有启动，则需要先启动 SQL Server 2005 服务，否则无法登录。启动服务可以通过以下两种方式。

(1) 通过操作系统服务管理器启动，即选择“控制面板”→“管理工具” →“服务”，如图 1.15 所示。

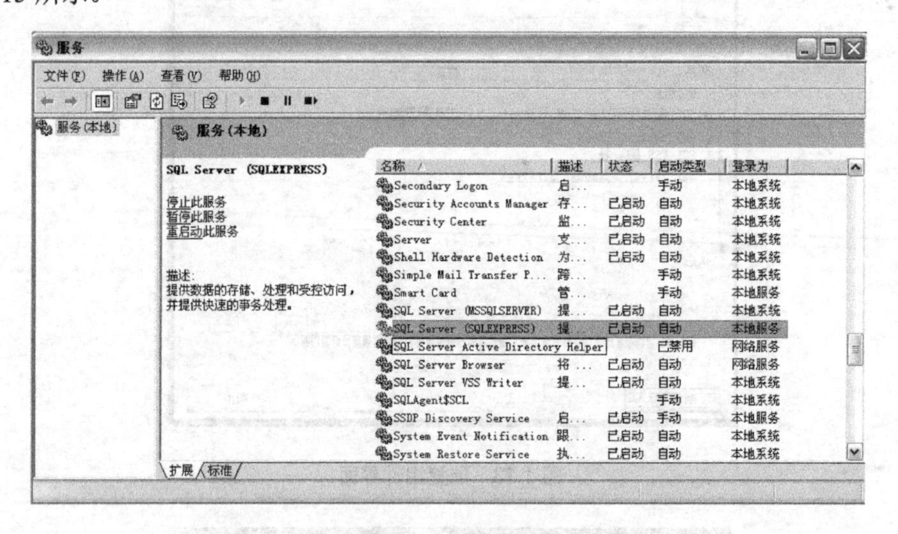

图 1.15 服务管理器

找到 SQL Server(SQLEXPRESS)选项，打开“属性”对话框，在“常规”选项卡中选择管理服务的状态，即把“启动类型”改为“自动”，并在“服务状态”单击“启动”按钮，启动服务，如图 1.16 所示。

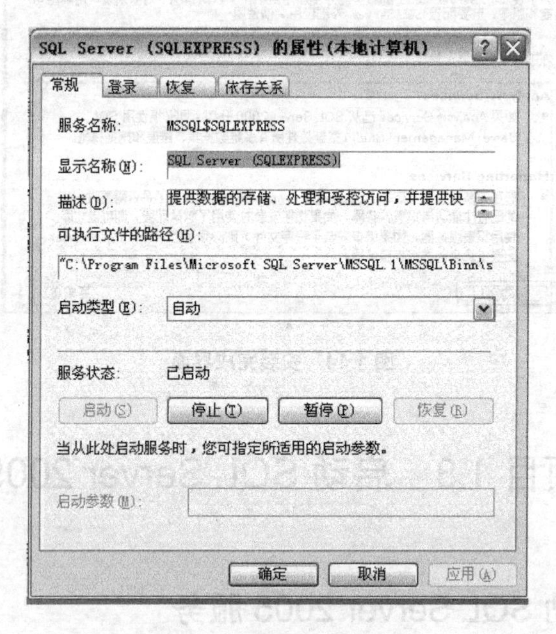

图 1.16 SQL 服务设置窗口

(2) 使用 SQL Server 2005 附带的“SQL Server 配置管理器”来启动服务，即从“开始”菜单上选择“程序”→Microsoft SQL Server 2005→“配置工具”→SQL Server Configuration Manager，如图 1.17 所示。

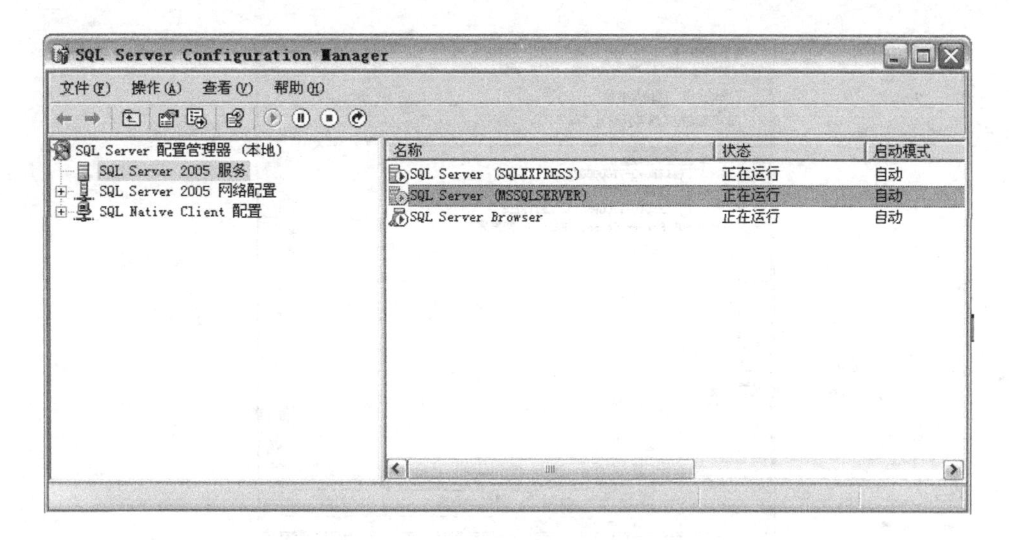

图 1.17　SQL Server 配置管理器

选定 SQL Server(MSSQLSERVER)服务名，然后右击，在弹出的快捷菜单中选择“启动”命令，也可启动 SQL Server 后台服务。

任务 1.3.2　连接到 SQL Server 2005

SQL Server 服务启动后，就可以进行数据库连接，连接步骤如下。

(1) 选择服务器，从 SQL Server 程序可以连接多个 SQL Server 服务器，默认是本机，如图 1.18 所示。

图 1.18　连接到服务器

如果要连接到其他服务器，可在“服务器名称”下拉列表框中选择“<浏览更多...>”来选择其他服务器，如图 1.19 所示。

图 1.19　选择其他服务器

(2) 接下来选择身份验证方式，SQL Server 支持两种身份验证。

- Windows 身份验证：以当前的 Windows 登录账户登录到 SQL Server。
- SQL Server 身份验证：以 SQL Server 内部合法账户登录到 SQL Server。

我们使用 Windows 身份验证，单击“连接”按钮。验证成功后进入 SQL Server Management Studio(SSMS)主界面，如图 1.20 所示。

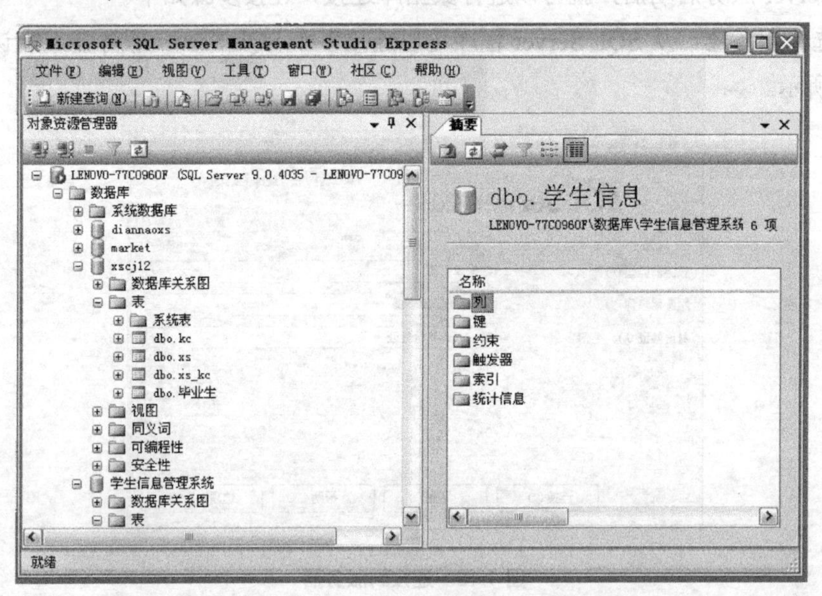

图 1.20　SQL Server Management Studio 主界面

这样，我们就完成了 SQL Server 2005 服务器的配置，接下来就可以使用 SQL Server 2005 来创建和管理我们的数据库了。

项目总结

(1) 数据模型主要有4种，分别是层次模型、网状模型、关系模型和面向对象模型。

(2) 关系模型使用二维表来存储数据，每一行称为一条记录，用来描述一个对象的信息；每一列称为一个字段，用来描述对象的一个属性。

(3) SQL Server 2005身份验证方式有两种：Windows身份验证和SQL Server身份验证。

练习1

1. 选择题

(1) 下面的叙述中(　　)是当前流行的数据库管理系统所使用的数据库模型。

A. 关系模型　　B. 面向对象模型

C. 层次模型　　D. 网状模型

(2) SQL Server 2005身份验证方式有(　　)种。

A. 2　　B. 3

C. 4　　D. 1

2. 简答题

(1) 简要叙述数据库的层次模型、网状模型、关系模型存储数据的特点。

(2) 简要叙述SQL Server 2005中的常用版本。

实训1

第一部分　上机任务

本实训要求学会配置数据库服务器，连接SQL Server 2005，熟悉SQL Server 2005环境。

训练技能点：

(1) 启动服务器。

(2) 连接SQL Server 2005。

(3) 了解SQL Server 2005环境。

第二部分　任务实现

任务1　启动数据库服务器并连接SQL Server 2005

掌握要点：

(1) 掌握使用操作系统的服务管理器启动服务。

(2) 掌握使用SQL Server配置管理器启动服务。

(3) 掌握使用Windows身份验证和混合身份验证方式连接SQL Server。

任务说明：

(1) 使用操作系统的服务管理器启动服务。

(2) 使用SQL Server配置管理器启动服务。

(3) 使用Windows身份验证和混合身份验证方式连接SQL Server。

实现思路：

(1) 使用操作系统的服务管理器启动服务的步骤：选择“控制面板”→“管理工具”→“服务”，然后启动SQL Server服务(见图1.21)。

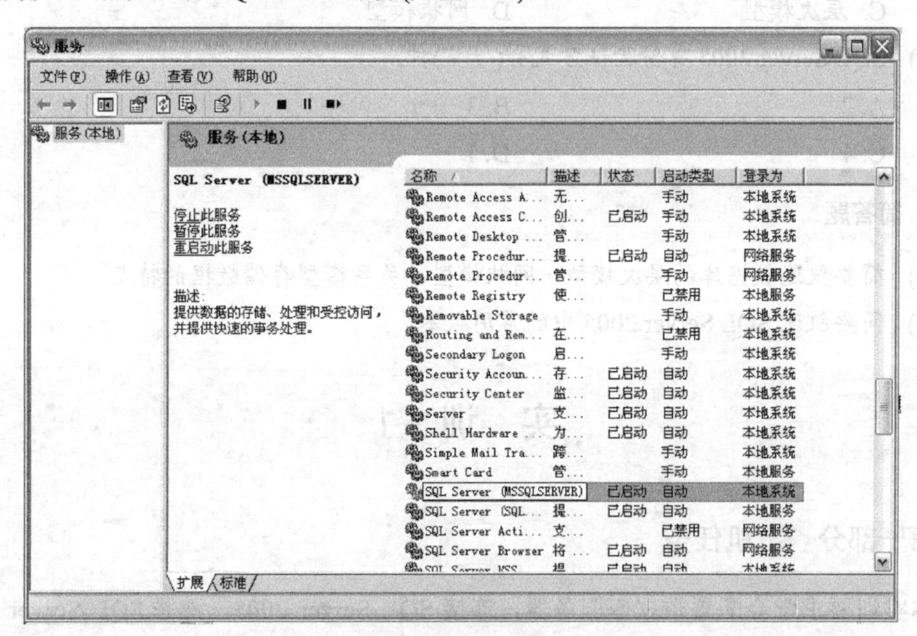

图1.21　在服务管理中启动服务

(2) 使用SQL Server配置管理器启动服务的步骤：从“开始”菜单选择“程序”→Microsoft SQL Server 2005→“配置工具”→SQL Server Configuration Manager(见图1.22)。

(3) 以Windows身份验证连接SQL Server的操作步骤：从“开始”菜单选择“程序”→Microsoft SQL Server 2005→SQL Server Configuration Studio，身份验证选择“Windows身份验证”。具体的登录界面如图1.23所示。

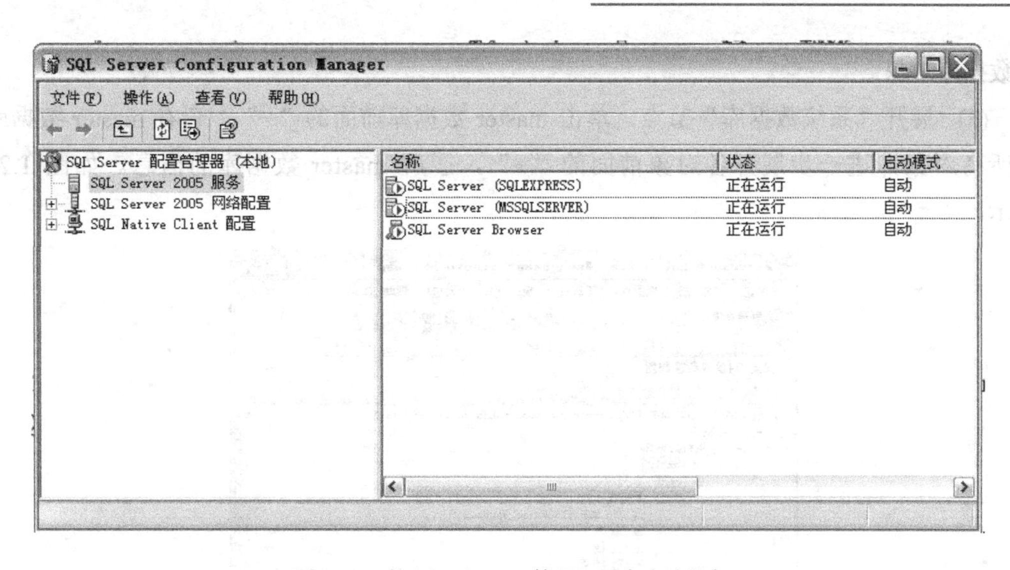

图 1.22　在 SQL Server 管理工具中启动服务

图 1.23　Windows 身份验证登录界面

任务 2　熟悉 SQL Server Management Studio 环境

掌握要点：

(1) 熟悉 SQL Server Management Studio 的使用方法。

(2) 了解 SQL Server Management Studio 中的服务器和数据库。

任务说明：

(1) 使用 SQL Server Management Studio 环境。

(2) 浏览 SQL Server Management Studio 中已有数据库的信息。

实现思路：

(1) 首先配置 SQL Server 服务器，启动 SQL Server 2005，进入 SSMS 环境。

(2) 在“对象资源管理器”窗口依次打开“服务器”→“数据库”节点，可以看到很

多数据库对象。

(3) 展开“系统数据库”节点，单击master数据库前面的“+”，查看master数据库的所有对象，进一步展开各对象前面的“+”，了解master数据库的信息。如图1.24所示。

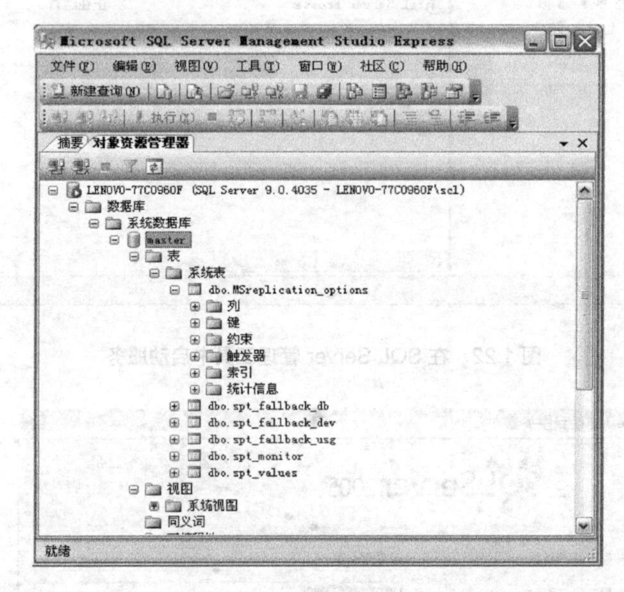

图1.24 master数据库对象

项目 2 创建和维护数据库

学习任务：

- 掌握数据库文件的三种类型。
- 了解 SQL Server 2005 的五个系统数据库。
- 创建 SQL Server 2005 数据库。
- 掌握如何分离与附加 SQL Server 2005 数据库。

技能目标：

- 创建自己的 SQL Server 2005 数据库。
- 掌握分离与附加数据库的方法。
- 熟悉数据库的创建、修改和删除操作。

课前预习：

- 数据库文件类型有哪几种？分别是什么？
- 数据库常见操作都有哪些？
- 了解数据库的存放位置。

项目描述：

山东商职学院教务处想废除用纸张管理学生成绩而改用数据库来管理。小王作为培训中心的数据库开发人员，将承担该学院系统数据库的设计任务，小王选择 SQL Server 2005 作为开发数据库的平台；他首先在计算机上安装了 SQL Server 2005 数据库管理系统，然后在 SQL Server 2005 的 SQL Server Management Studio 环境中创建了一个“学生信息管理系统”数据库，利用电脑存储学生信息。

项目目标：

了解系统数据库的组成，熟悉 SQL Server 2005 数据库的创建过程，并熟练掌握对建好的数据库做分离和附加的操作。

项目 2.1 创建数据库

当 SQL Server 2005 安装完成之后，SQL Server 安装程序自动创建了一些系统数据库、

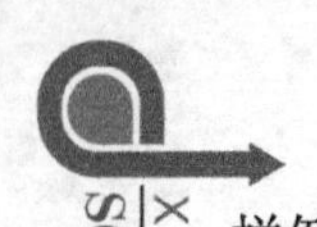

样例数据库以及系统表，用户自己也可以创建自己的数据库。

任务 2.1.1 SQL Server 2005 的系统数据库

系统数据库指的是随 SQL Server 2005 安装程序一起安装，用于协助 SQL Server 2005 系统共同完成管理操作的数据库，是 SQL Server 2005 运行的基础。在 SQL Server 2005 中，默认系统数据库有 master、model、msdb、tempdb 和 resource。

1. master 数据库

master 数据库记录 SQL Server 系统级的信息，包括系统中所有的登录账号、系统配置信息、所有数据库的信息、所有用户数据库的主文件地址等。另外，master 数据库还记录 SQL server 2005 的初始化信息。因此，如果 master 数据库不可用，则 SQL Server 2005 将无法启动。

2. tempdb 数据库

tempdb 数据库用于存放所有连接到系统的用户临时表和临时存储过程，以及 SQL Server 产生的其他临时性的对象。tempdb 是 SQL Server 中负担最重的数据库，因为几乎所有的查询都可能需要使用它。

在 SQL Server 关闭时，tempdb 数据库中的所有对象都被删除，每次启动 SQL Server 时，tempdb 数据库里面总是空的。

默认情况下，SQL Server 在运行时 tempdb 数据库会根据需要自动增长。不过，与其他数据库不同，每次启动数据库引擎时，它会重置为其初始大小。

3. model 数据库

model 数据库是系统所有数据库的模板，这个数据库相当于一个模子，所有在系统中创建的新数据库的内容，在刚创建时都和 model 数据库完全一样。

如果 SQL Server 专门用作一类应用，而这类应用都需要某个表，甚至在这个表中都要包括同样的数据，那么就可以在 model 数据库中创建这样的表，并向表中添加那些公共的数据，以后每一个新创建的数据库中都会自动包含这个表和这些数据。当然，也可以向 model 数据库中增加其他数据库对象，这些对象都能被以后创建的数据库所继承。

4. msdb 数据库

msdb 数据库由 SQL Server 代理(SQL Server Agent)来安排报警、作业，并记录操作员。

5. resource 数据库

resource 数据库是一个只读数据库，它包含了 SQL Server 2005 中的所有系统对象。SQL

Server 系统对象(例如 sys.objects)在物理上存储于 resource 数据库中，但逻辑上，它们出现在每个数据库的 sys 架构中。

任务 2.1.2 用户数据库

用户数据库是指 SQL Server 2005 用户自己创建的数据库，一个数据库可包含下列几种文件。

1. 主数据库文件

主数据库文件包含数据库启动信息，并指向数据库中的其他文件。用户数据库和对象可存储在该文件中。每个数据库只能有一个主数据库文件，文件扩展名为.mdf。

2. 次数据库文件

次数据库文件是可选的，次数据库文件可用于将数据库分散存储到多个磁盘中，每个数据库可以有零个或多个次数据库文件，次数据库文件扩展名为.ndf。

3. 事务日志文件

事务日志文件用于记录对数据库的各种操作情况，对数据库进行操作时，对数据库内容的更改将自动记录到该文件中。事务日志文件的扩展名为.ldf，一个数据库可以有一个或多个事务日志文件。

提示：一个数据库至少应包含一个主数据库文件和一个事务日志文件，而且主数据库文件只有一个。

任务 2.1.3 创建“学生信息管理系统”数据库

在 SSMS(SQL Server Management Studio)中创建数据库的步骤如下。

(1) 从“开始”菜单选择“程序”→Microsoft SQL Server 2005 命令，打开 SSMS 窗口，并根据 Windows 或 SQL Server 身份验证建立连接。

(2) 在“对象资源管理器”中展开服务器，然后选择“数据库”节点。

(3) 在“数据库”节点右击，从弹出的快捷菜单中选择“新建数据库”命令，如图 2.1 所示。

(4) 此时会打开“新建数据库”对话框，如图 2.2 所示。

(5) 在“数据库名称”文本框中输入“学生管理系统”，再输入数据库的“所有者”，可以使用默认，也可以通过单击文本框右边的“...”按钮选择所有者。

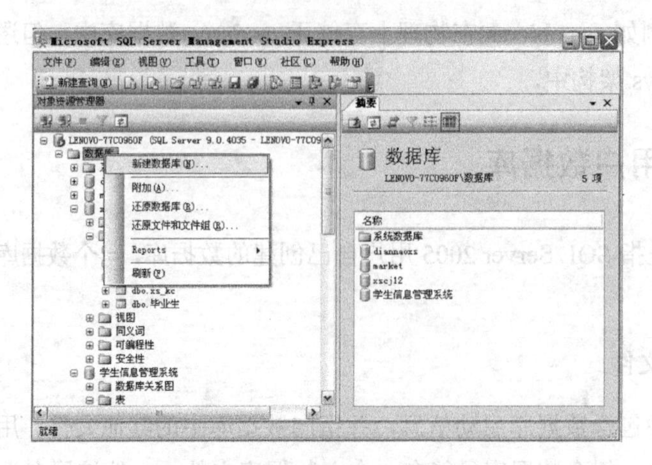

图 2.1　选择“新建数据库”命令

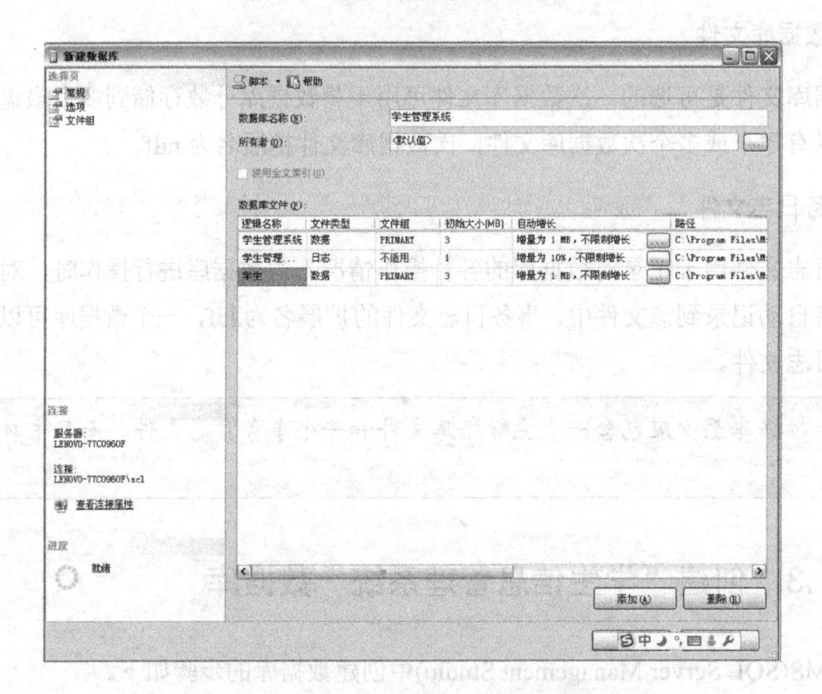

图 2.2　新建“学生管理系统”数据库

“数据库文件”各列含义如下。

- 逻辑名称：指定数据库文件和事务日志文件，该名称作为数据文件的标识。主数据文件名在第一行，系统默认数据库文件的文件名与数据库名一样(本例为“学生管理系统”)。我们也可以修改。如把“学生管理系统”改为“学生数据”。
- 文件类型：区别当前文件是数据文件还是日志文件。
- 文件组：主数据文件属于默认的 Primary 文件组不可更改(可修改系统设置)，辅助数据文件可以使用默认 Primary 文件组，也可自行设置文件组，数据文件只能存在于文件组中。

- 初始大小：即该文件创建时所占磁盘的初始容量(单位 MB)，数据文件默认为最小值 3MB，事务日志文件默认为 1MB，可根据实际需要进行设置。
- 自动增长：文件属性可选择“文件自动增长”——设置文件数据增加时所占磁盘容量是按固定兆字节数还是按文件容量的百分比增长，还可设置文件最大容量数或不受限制的增长方式。如图 2.3 所示。
- 路径：指定文件的存放位置，系统默认为 C:\Program Files\Microsoft SQL Server\MSSQL\data\学生管理系统.MDF，我们可以修改为“D:\DATA\学生信息管理.MDF”。

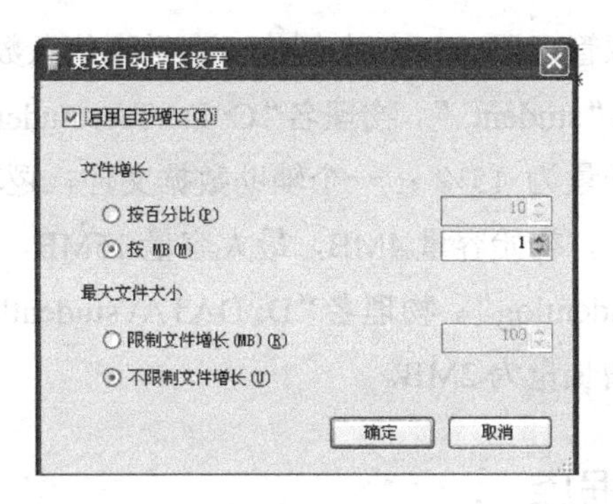

图 2.3　文件的增长方式

(6) 确定文件初始信息后，还可以对数据库的访问限制、兼容级别等选项进行设置，单击“选项”，如图 2.4 所示。

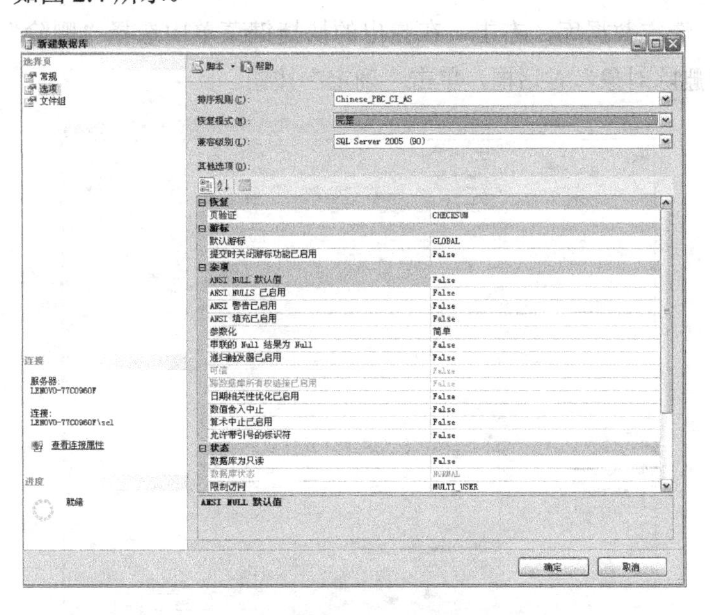

图 2.4　数据库属性设置

① 兼容级别：数据库对以前版本的兼容级别，如果设置为“SQL Server 2005 (90)”，这样可以保证 SQL Server 2005 以前版本也能够识别和打开该数据库。

② 限制访问：对该数据库访问的设置。

MULTI_USER：允许多个用户访问该数据库。

Single：一次只允许一个用户访问该数据库。

Restricted：只有管理员角色或具有同等权限的用户才能访问该数据库。

③ 数据库为只读：如果设置为 True，则该数据库不允许再写入数据。

④ 自动收缩：如果设置为 True，则该数据库将定期自动收缩，释放未使用的磁盘空间。

设置完毕后，单击“确定”按钮可以创建该数据库。

实战演练：

【例 2-1】 在对象资源管理器(SSMS)中创建一个学生信息数据库 student，该数据库包含一个主数据文件，逻辑名“student ”，物理名“C:\DATA\ student.mdf ”，初始容量 3MB，最大容量 10MB，每次增长量为 15% ；一个辅助数据文件，逻辑名“student1”，物理名“D:\DATA\ student1.ndf ”，初始容量 4MB，最大容量 15MB，每次增长量为 2MB；一个事务日志文件，逻辑名“studentlog”，物理名“D:\DATA\ studentlog.ldf ”，初始容量 1MB，最大容量不受限制，每次增长量为 2MB。

任务 2.1.4 删除数据库

如果数据库永久不再使用，可以直接删除数据库，一旦删除，数据库中的数据将全部丢失。

操作步骤：选定数据库，右击，在弹出的快捷键菜单中选择“删除”命令，弹出如图 2.5 所示的“删除对象”对话框，单击“确定”按钮。

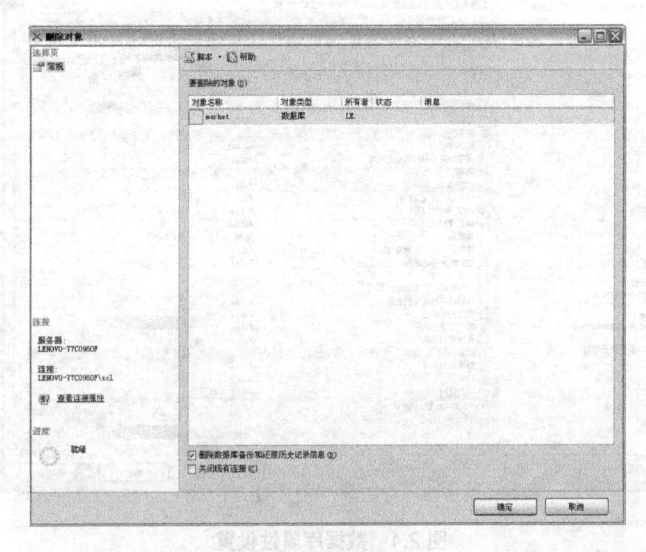

图 2.5 删除数据库

实战演练：

【例 2-2】在对象资源管理器中删除学生信息数据库 student。

项目 2.2 分离和附加数据库

如果想要把数据库从一个 SQL Server 系统中移动到另一个 SQL Server 系统，或者需要把数据文件从一个磁盘移到另一个磁盘上时，比如当包含该数据库文件的磁盘空间已用完，希望扩充现有的文件而又不愿将新文件添加到其他磁盘上，可以先将数据库与 SQL Server 系统分离，然后将该数据库文件剪切复制到容量较大的磁盘上，再将数据库重新附加到原来系统中，或附加到另一个系统中。例如学生在学校机器上创建的数据库，需要将其拷贝回家继续操作，这时就应该使用 SQL Server 2005 提供的分离数据库和附加数据的功能。

任务 2.2.1 分离数据库

分离数据库实际上只是从 SQL Server 2005 系统中删除数据库，组成该数据库的数据文件和事务日志文件依然完好无损地保存在磁盘上。使用这些数据文件和事务日志文件可以将数据库再附加到任何其他机器的 SQL Server 2005 系统中，而且数据库在新系统中的使用状态与它分离时的状态完全相同。

分离数据库是从服务器中移去逻辑数据库，但不会删除数据库文件。操作步骤如下。

(1) 右击要分离的数据库，在弹出的快捷菜单中选择“任务”命令，如图 2.6 所示。

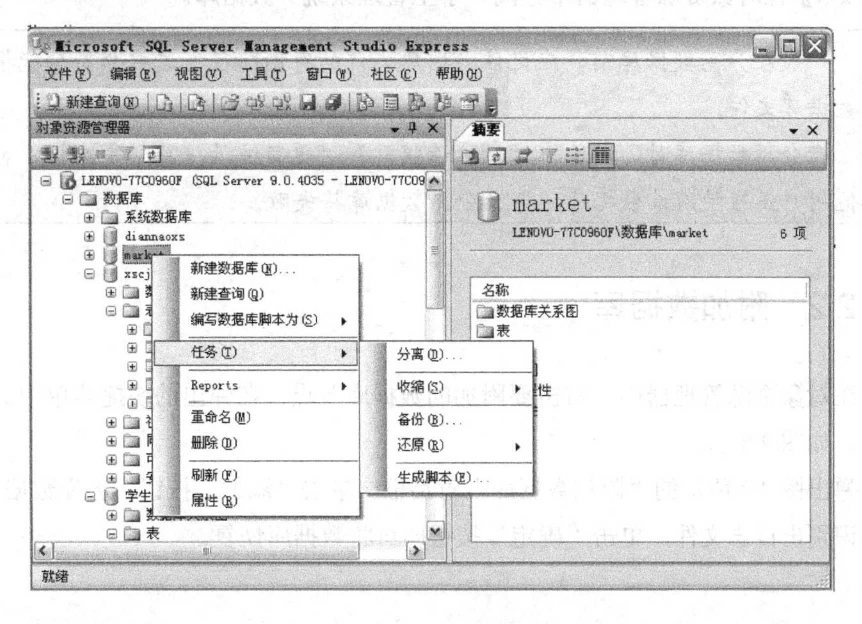

图 2.6 选择“分离数据库”命令

(2) 选择其子菜单中的“分离”命令，将出现如图 2.7 所示的“分离数据库”对话框。

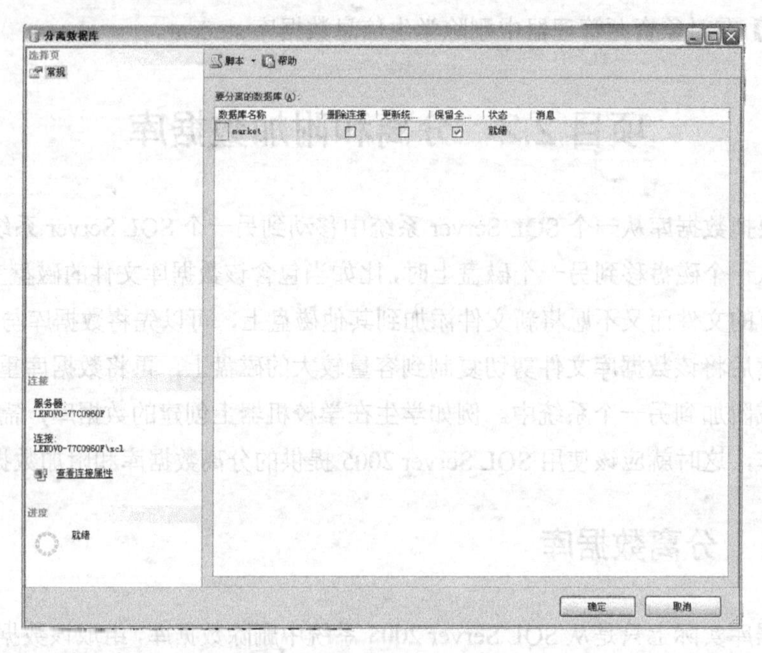

图 2.7 “分离数据库”对话框

(3) 在“分离数据库”对话框中单击“确定”按钮，分离成功，数据库将不在数据库列表中显示，但是数据库文件依然在磁盘中，此时可以对数据库文件进行复制等操作。

实战演练：

【例 2-3】在对象资源管理器中分离“学生管理系统”数据库。

提示：① 一般在分离数据库前，应记住数据库文件的存储路径，这样分离后能很快地找到数据库文件。

② 在分离数据库时，应选中“删除连接”和“更新统计信息”复选框，否则如果其他用户正在使用该数据库，那么分离数据库将失败。

任务 2.2.2 附加数据库

(1) 在对象资源管理器中，右击要附加的数据库节点，在弹出的快捷菜单中选择“附加”命令，如图 2.8 示。

(2) 弹出图 2.9 所示的“附加数据库”对话框。单击“添加”按钮，选择数据库文件，系统自动识别出日志文件，单击“确定”按钮即可将数据库恢复。

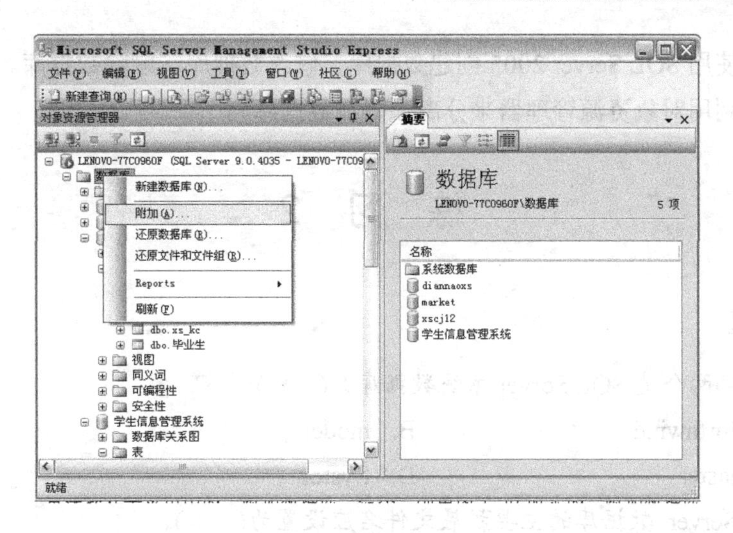

图 2.8　附加数据库

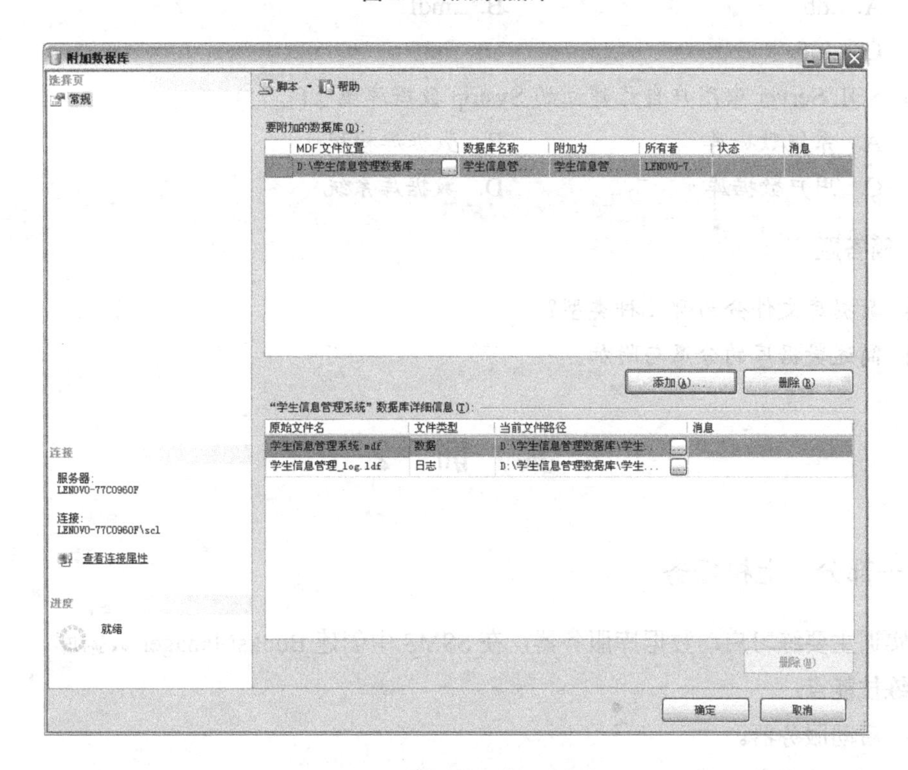

图 2.9　“附加数据库”对话框

实战演练：

【例 2-4】 在对象资源管理器中附加“学生管理系统”数据库。

项 目 总 结

(1) SQL Server 2005 数据库包含主数据库文件，次数据库文件和事务日志文件。

(2) 可以使用 SQL Server 2005 创建数据库、修改数据库、删除数据库。

(3) 可以利用对象资源管理器来分离和附加数据库。

练 习 2

1. 选择题

(1) 下列哪两个是 SQL Server 系统数据库？(　　)

A. Northwind　　B. model

C. master　　D. Systop

(2) SQL Server 数据库的主要扩展文件名应设置为(　　)。

A. .db　　B. .mdf

C. .ldf　　D. .ndf

(3) SQL Server 中用户自己建立的 Systop 数据库属于(　　)。

A. 系统数据库　　B. 数据库模板

C. 用户数据库　　D. 数据库系统

2. 简答题

(1) 数据库文件分为哪几种类型？

(2) 简述数据库的分离与附加。

实 训 2

第一部分　上机任务

本实训主要练习启动数据库服务器，在 SSMS 中创建 BooksManager 数据库。

训练技能点：

(1) 启动服务器。

(2) 创建数据库。

(3) 分离和附加数据库。

第二部分　任务实现

任务 1　创建 BooksManager 数据库

任务说明：

图书销售系统是一款重要的产品，面向广大图书销售商，能够实现图书库存管理、图书销售管理、销售情况统计、查询等功能，现要求使用 SQL Server 2005 创建 BooksManager 数据库，要求如下。

(1) 数据库名称为 BooksManager；数据库存储在 D:\BooksManager 文件夹下；主数据库文件初始大小为 5MB，文件按 15%自动增长，文件大小不受限制；日志文件初始化为 2MB，最大为 50MB，允许自动增长；次数据文件逻辑名为 BooksManager_Data，存储在 D:\ BooksManager 文件夹下，允许自动增长，数据库大小没有限制。

(2) 数据库要求自动收缩。

实现思路：

(1) 连接到 SQL Server Configuration Studio。

(2) 选定“数据库”，通过右键菜单选择“新建数据库...”命令。

(3) 按照上述要求逐一配置数据库文件类型。

提示：先在 D:\建立 BooksManager 文件夹，否则会出错。

任务 2　分离和附加数据库

掌握要点：

(1) 掌握分离数据库的步骤。

(2) 掌握附加数据库的步骤。

任务说明：

(1) 将 BooksManager 数据库分离，分离后将数据文件复制到 C:\BooksManager 文件夹中。也可将其复制到其他目录中。

(2) 将 C:\BooksManager 文件夹下的数据库文件附加到 SQL Server 2005 中。

任务 3　删除数据库

掌握要点：

掌握在 SQL Server 2005 中删除数据库的步骤。

任务说明：

将 BooksManager 数据库删除。

第三部分　作业

作业 1　创建学生管理系统数据库

任务说明：

创建学生管理系统数据库，要求如下。

数据库名为“学生管理系统”；存贮位置在“D:\学生管理”文件夹下；数据库物理文件初始化为 5MB，允许自动增长，自动增长方式为每次增长 2MB，最大数据库容量不受限

制；事务日志文件初始化为2MB，按15%的比例增长，事务日志文件最大容量为50MB；次数据库文件初始化为3MB，按10%的比例增长，次数据库文件最大容量为100MB。

实现思路：

(1) 连接到SQL Server Management Studio。

(2) 选定“数据库”，通过右键菜单选择“新建数据库…”命令。

(3) 在弹出的窗口中，录入数据库名称。

作业2 分离数据库

任务说明：

将学生管理系统数据库分离，分离后将数据文件复制到自己的U盘中。

实现思路：

在“对象资源管理器”中，右击“学生管理系统”数据库，从弹出的快捷菜单中选择“任务”→“分离”命令。

作业3 附加数据库

任务说明：

将已经分离的“学生管理系统”数据库重新附加到SQL Server 2005环境中。

实现思路：

在“对象资源管理器”中，右击数据库，在弹出的快捷菜单中选择“任务”命令，再选择“附加”命令。

作业4 修改学生管理系统数据库

任务说明：

将已建好的“学生管理系统”数据库的物理文件初始化大小由5MB改为10MB，允许自动增长，自动增长方式由每次增长2MB改为增长10%，最大数据库容量不受限制。

提示： 修改数据库时，文件的初始化修改只能比原来的值大，不能小于原来的数值，试一试将学生管理系统数据库的物理文件初始化大小由5MB改为3MB，会出现什么结果？

项目3　创建和维护表

学习任务：

- 创建学生信息管理系统数据库表。
- 掌握常用约束来保证数据的完整性。
- 管理数据库中的数据。

技能目标：

- 熟练掌握数据表的创建过程。
- 熟悉主键约束、检查约束等保障数据完整性的创建方式。
- 掌握数据表的修改与删除操作。

课前预习：

- 数据表中常用的数据类型都有哪些？至少说出4种。
- 什么是实体完整性？什么是域完整性？
- SQL Server 2005数据表的创建过程。

项目描述：

前面已经介绍了数据库的基本概念、数据模型以及如何创建和管理SQL Server 2005数据库。使用数据库的目的就是为了能够有效地存取数据并保障数据的安全。而数据库自身无法存储数据，数据表才是真正存储数据的地方，现在将介绍如何创建和管理数据表。

从现在开始我们将以“学生信息管理系统”数据库为贯穿案例，在SQL Server 2005的SSMS环境中创建一个“学生信息管理系统”数据库，并创建“学生信息、课程信息、选课表、成绩表”这四张表(包括表的约束与表间的关联)。

项目目标：

通过创建“学生信息管理系统”数据表，学习掌握数据表的创建、修改及删除等操作，并通过设置各种约束来实现表的完整性，达到在计算机中存储数据的目的。

项目3.1　为学生信息管理系统建立数据表

在建立表之前，需要考虑将要创建的表包含哪些内容。例如一个表都包含哪些列(字

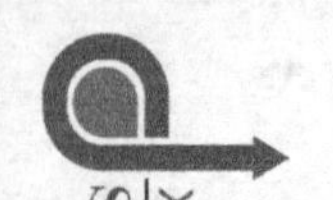

段)，每列都有什么数据类型。只有先考虑好，才能更有目的性地创建表。

任务 3.1.1　为学生信息管理系统创建表结构

网上的学生管理系统是如何对学生选课管理的呢？它至少应该能够有效地存储学生信息、课程信息、选课信息等。这就需要保存大量的数据，此时就应该使用数据库进行有效存储。结合项目 2 的内容，我们来看学生信息管理数据库中应有的数据表，下面列出学生信息管理数据库中常见的三个表结构(见表 3.1～表 3.3)。

表 3.1　学生信息表

列　名	数据类型	是否为空	默 认 值	说　明
学号	char(10)	×	无	主键
姓名	char(10)	×	无	
性别	char(2)	√	'男'	
年龄	int	×	无	
政治年貌	varchar(10)	×	无	
民族	varchar(10)	√	无	
家庭地址	varchar(20)	√	无	

表 3.2　课程信息表

列　名	数据类型	是否为空	默 认 值	说　明
课程编号	int	×	无	主键
课程名称	varchar(30)	×	无	
本学期课程	varchar(2)	×	无	
学分	int	√	无	

表 3.3　成绩表

列　名	数据类型	是否为空	默 认 值	说　明
编号	int	×		主键
学号	char(10)	×	无	
课程编号	int	×	无	
成绩	tinyint	√	无	0~100 之间

疑问：在上面的表格中，数据类型列中 varchar 后面(20)是什么意思？

在设计表的时候，选择数据类型时常会看到“varchar(20)”这样的数据类型。实际上该数据类型是 varchar，长度是 20，并且长度是可以手动修改的。

表 3.1、表 3.2 和表 3.3 列出了学生信息、课程信息和成绩表的基本表结构，那么如何

在 SQL Server 2005 的学生信息管理系统数据库中创建表呢？

在 SQL Server Management Studio(SSMS) 中，单击学生信息管理系统数据库下的“表”节点，将显示该数据库所有的表。数据表也同项目 2 介绍的数据库类型类似，分为系统表和用户表。系统表是创建数据库的时候自动生成的，用来保存数据库自身的信息；用户表用于存储用户自定义的数据。

在学生信息管理系统数据库下，右击“表”选项，在快捷菜单中选择“新建表”命令，如图 3.1 所示。

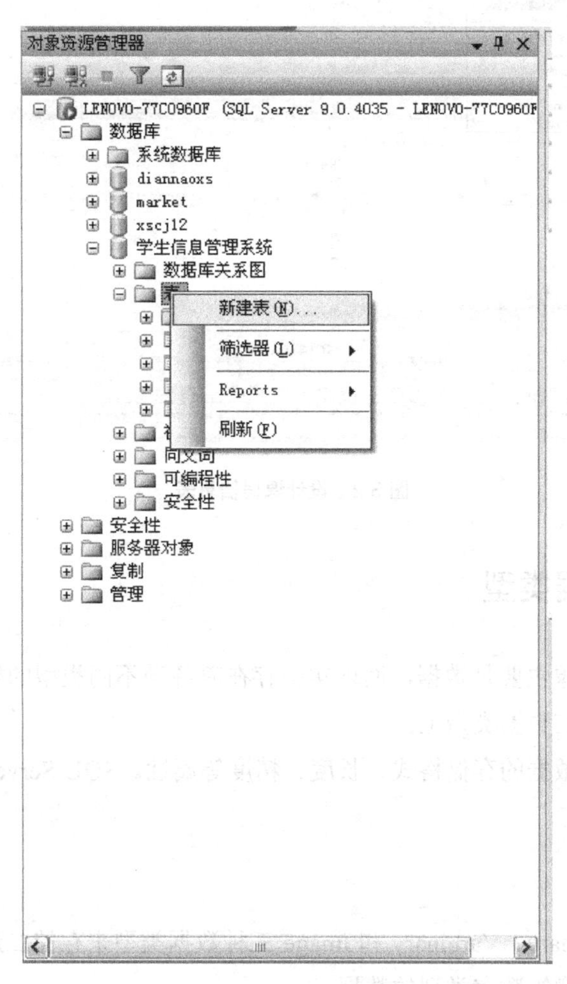

图 3.1　新建表

随后进入 SSMS 集成的数据表设计器页面，在页面中我们就可以逐一设置每一列的字段名称、数据类型、是否允许为空等属性。首先设计课程信息表，如图 3.2 所示。

设计完成后，单击“保存”按钮，在弹出的对话框里设置表名为“课程信息”。保存完成后，展开学生信息管理系统数据库下的“表”节点，就可以看到“课程信息”表了。设计学生信息表与成绩表类似，可按照上面的步骤自己设计。

按照上面的步骤，我们创建出了学生信息表和课程表，但还有些疑问，图 3.2 中“数据类型”下拉列表框中有那么多数据类型，都是什么含义呢？下面来介绍常用的数据类型。

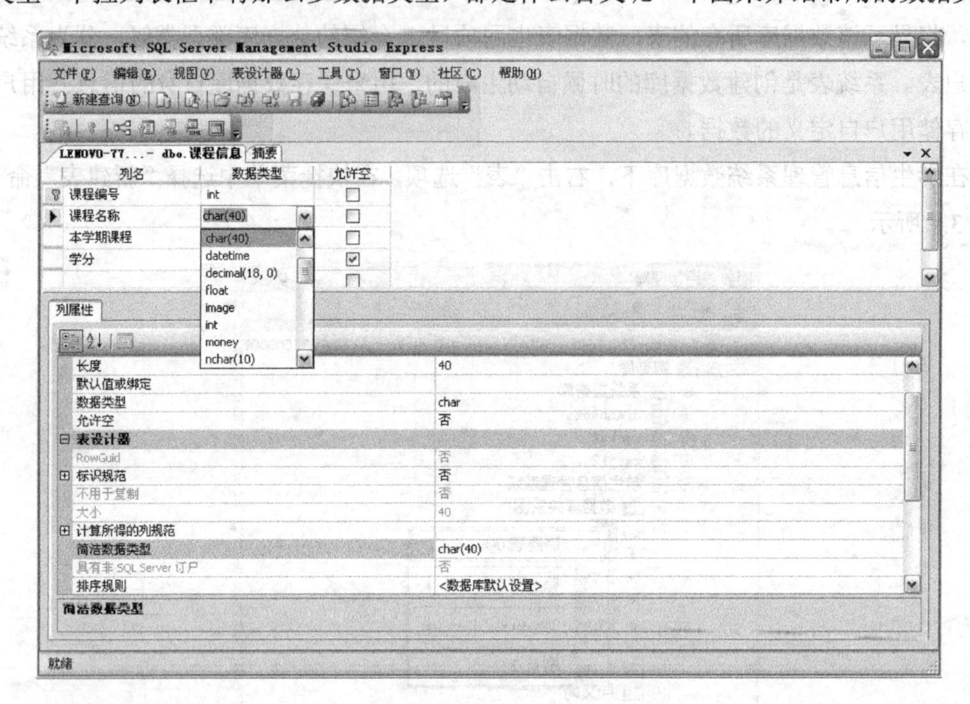

图 3.2 设计课程信息表

任务 3.1.2 数据类型

数据库存储的对象主要是数据，而现实中存在着各种不同类型的数据，在计算机中，数据的特征主要表现在数据类型上。

数据类型决定了数据的存储格式、长度、精度等属性。SQL Server 为我们提供了多达 26 种的丰富数据类型。

1. 二进制数据

SQL Server 用 Binary、Varbinary 和 Image 三种数据类型来存储二进制数据。二进制类型可用于存储声音图像等数字类型的数据。

2. 数值型数据

SQL Server 的数值型数据共 8 种，其中整型数据 4 种，实型数据 4 种。

(1) 字节型整数 TinyInt。

占 1 个字节固定长度内存，可存储 0~255 范围内的任意无符号整数。

(2) 短整型整数 SmallInt。

占 2 字节固定长度内存，最高位为符号位，可存储-32768~32767(-2^{15}~$2^{15}-1$)的任意整数。

(3) 基本整型整数 Int 或 Integer。

占 4 字节固定长度内存，高位为符号位，可存储$-2^{31}\sim2^{31}-1$范围内的任意整数。

(4) 长整型整数 Bigint。

占 8 字节固定长度内存，高位为符号位，可存储$-2^{63}\sim2^{63}-1$范围内的任意整数。

注意： 整型数据可以在较少的字节里存储精确的整型数字，存储效率高，对于不可能出现小数的数据应尽量选用整数类型。

---

(5) 近似值实型浮点数 real。

占 4 字节固定长度内存，最多 7 位有效数字，范围从$\pm1.18\times10^{-38}$到$\pm3.40\times10^{38}$。

(6) 可变精度实型浮点数 float(n)。

当 n 的取值为 1~24 时，数据精度是 7 位有效数字，范围从-3.40E+38 到 1.79E+38，占 4 字节内存。

当 n 的取值为 25~53 时，精度是 15 位有效数字，范围从-1.79E+308 到 1.79E+308，占 8 字节内存。

实型浮点数常量可以直接使用科学记数法的指数形式书写。

(7) 精确小数型数据 Numeric(p,s)。

p 指定总位数(不含小数点)，p 的取值范围是 1≤p≤38。即最多可达 38 位有效数字，不使用指数的科学计数法表示，但取值范围必须在-10^{38}到$10^{38}-1$之间。

s 指定其中的小数位数，s 的取值范围是 0≤s≤p。

(8) 精确小数型数据 Decimal(p,s)或 Dec(p,s)。

该类型数据与 Numeric(p,s)类型用法相同，所不同的是 Decimal(p,s)不能用于数据表的 identity 字段。

3. 文本型数据

SQL Server 提供了 Char(n)、Varchar(n)和 Text 三种 ASCII 码字符型数据，提供了 Nchar(n)、Nvarchar(n)和 Ntext 三种统一字符型数据。

(1) 定长字符型 Char(n)。

按 n 个字节的固定长度存放字符串，每个字符占一个字节，长度范围是 1≤n≤8000。

若实际字符串长度小于 n，则尾部填充空格按 n 个字节的字符串存储。

(2) 变长字符型 Varchar(n)。

按不超过 n 个字节的实际长度存放字符串，可指定最大长度为 1≤n≤8000。

若实际字符串长度小于 n，则按字串实际长度存储，不填充空格。

当存储的字符串长度不固定时，使用 Varchar 数据类型可以有效地节省空间。

【例 3-1】 字符型字符串“abcdABCD 我们学习”共 12 个字符，占 16 字节。

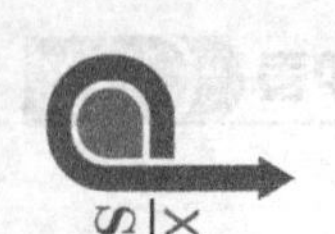

若定义数据类型为 char(20)，则存储为“abcdABCD 我们学习　　”。

若定义数据类型为 varchar(20)，则按实际长度存储为“abcdABCD 我们学习”。

(3) 定长统一字符型 Nchar(n)。

统一字符型也称为宽字符型，采用 Unicode 字符集，包括了世界上所有语言符号，不论一个英文符号还是一个汉字都占用 2 个字节的内存。前 127 个字符为 ASCII 码字符。

按 n 个字符的固定长度存放字符串，每个字符占 2 个字节，长度范围是 1≤n≤4000。

若实际字符个数小于最大长度 n，则尾部填充空格按 n 个字符存储。

(4) 变长统一字符型 Nvarchar(n)。

按不超过 n 个字符的实际长度存放字符串，可指定最大字符数为 1≤n≤4000。

若实际字符个数小于 n，则按字符串实际长度占用存储空间，不填充空格。

(5) 文本类型 Text。

Text 类型存储的是可变长度的字符数据类型，可存储最大长度为 $2^{31}-1$ 字节，即 2GB 的数据。当存储的字符型数据超过 8000 字节(比如备注)时，可选择 Text 数据类型。

(6) 统一字符文本类型 Ntext。

Ntext 存储的是可变长度的双字节字符数据类型，最多可以存储 $(2^{30}-1)/2$ 个字符。

4. 日期/时间型数据

SQL Server 提供了 Smalldatetime 和 Datetime 两种日期/时间的数据类型。

(1) 短日期/时间型 Smalldatetime。

占 4 个字节固定长度的内存，存放 1900 年 1 月 1 日到 2079 年 6 月 6 日的日期时间，可以精确到分。

(2) 基本日期/时间型 Datetime。

占 8 个字节固定长度的内存，存放 1753 年 1 月 1 日到 9999 年 12 月 31 日的日期时间，可以精确到千分之一秒，即 0.001s。

注意： 日期时间型常量与字符串常量相同，必须使用单引号括起来。

SQL Server 在用户没有指定小时以下精确的时间数据时，将会自动设置 Datetime 或 Smalldatetime。

5. 货币型数据

货币型数据专门用于货币数据处理，SQL Server 提供了 Smallmoney 和 Money 两种货币型数据类型。

6. 位类型数据

位类型 Bit 只能存放 0、1 和 NULL(空值)，一般用于逻辑判断，位类型数据输入任意的非 0 值时，都按 1 处理。

SQL Server 常用数据类型见表 3.4。

表 3.4　SQL Server 的常用数据类型

	类型说明符	占内存字节数	数值范围
二进制	binary(n)	定长 n 字节，超过截断	1≤n＜8000
	varbinary(n)	变长，按实际超过 n 字节截断	1≤n＜8000
	image	最大 2^{31}−1 个字节，二进制数	
字符型	char(n) 默认 1	定长，n 个字符(字节)	1≤n＜8000
	varchar(n)	变长，按实际不超过 n 个字符	1≤n＜8000
	text	最大 2^{31}−1 个字符(用单引号)	
统一字符	nchar(n)	定长，n 个 Unicode 字符(2 字节)	1≤n＜4000
	nvarchar(n)	变长，按实际不超过 n 个字符	1≤n＜4000
	ntext	最大 2^{30}−1 个 Unicode 统一字符	
日期时间	datetime	1/1/1753~12/31/9999 日期时间	精确到 0.001s，用单引号
	smalldatetime	1/1/1900~6/6/2079 日期时间 ‘1988-02-03 10:30:00’	精确到分，用单引号
位型	bit	一位二进制，只取 0、1 或 null 一个表小于 8 个 bit 型占 1 字节	可用于逻辑型
整型	tinyint	1 字节　无符号整数	0 ~ 255
	smallint	2 字节　有符号整数	−32768 ~ 32767
	int	4 字节　有符号整数	$-2^{31} \sim 2^{31}-1$
	bigint	8 字节　有符号整数	$-2^{63} \sim 2^{63}-1$
小数	decimal(p,s)	p 为总位数，s 为小数位	$-10^{38} \sim 10^{38}-1$
	numeric(p,s)	1≤p≤38，0≤s≤53	$-10^{38} \sim 10^{38}-1$
浮点数	real	十进制浮点数	−3.4E38 ~ 3.4E38
	float(p)	p 为有效位数 1≤p≤53	−1.79E+308~ 1.79E+308
货币	smallmoney	−214748.3648~214748.3647	实际为 4 位小数 的 decimal 类型
	money	±922337203685477.5807 数据前加货币符号$，负号在后	

提示：使用 Unicode 编码的方式来存储数据时，它通过两个字节来进行编码，即一个字符占两个字节，它为全球商业领域中广泛使用的字符定义了一个单一编码方案，使得不同语言在不同计算机上的编码方式是一样的，都能够被编译和识别。

任务 3.1.3　修改表结构

若没有关闭“表设计器”，可直接在设计器中反复设置修改各个字段；若已经关闭(创

建完成)，则可随时再打开要修改表的“表设计器”，对表结构进行修改。

打开 SSMS(SQL Server Management Studio)，依次展开到要修改的数据库，右击“学生信息”表，在弹出的快捷菜单中选择“设计”命令，即可打开该表的“表设计器”，如图 3.3 所示。

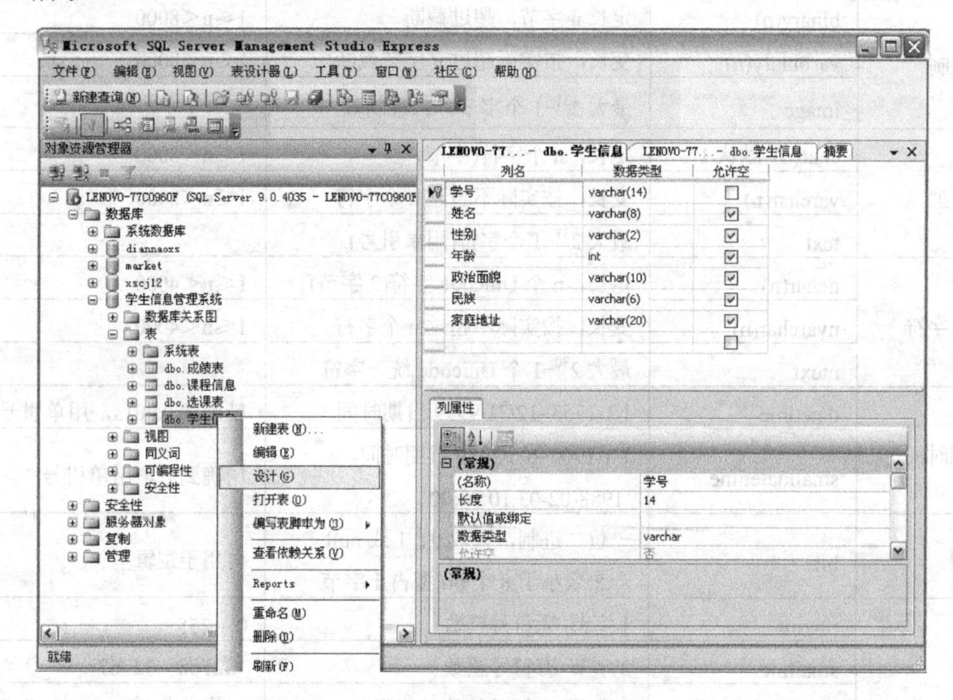

图 3.3　在设计器中打开表结构

(1)　修改字段属性。

在设计器中可以自由地修改各字段的“列名”、“数据类型”、“字段长度”、“允许空”及其他附加属性。

(2)　添加新字段。

如果要在最后追加一个新字段，可将光标移到(或用鼠标单击)最下面的空白行中，即可输入一个新行。

如果要在某个字段前插入一个新字段，可右击插入位置的字段，在弹出的快捷菜单中选择“插入列”命令，在该列之前出现一行空白，即可插入一个字段，如图 3.4 所示。

(3)　删除字段。

右击要删除的字段，在弹出的快捷菜单中选择“删除列”命令，即可删除该字段。

(4)　移动字段顺序。

单击要移动字段左方(最前端)的标志块，出现一个“三角”标志，左键按下不松开，然后拖动该字段到所需要的位置再松开即可。

(5)　关闭表设计器。

修改完毕，单击“保存”工具按钮，保存修改后的表结构并关闭“表设计器”。

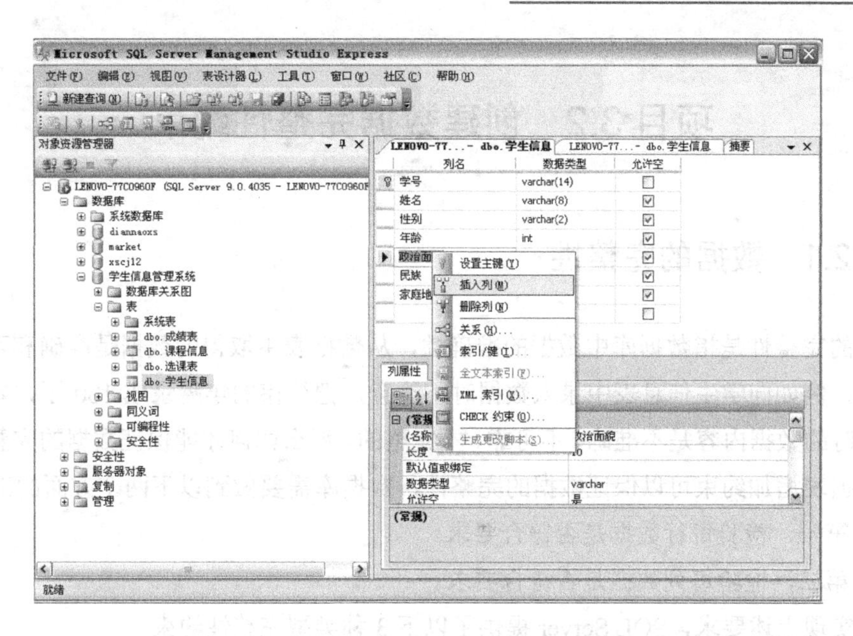

图 3.4 在 SSMS 中编辑字段的快捷菜单

任务 3.1.4 向学生信息管理系统数据表中录入数据

创建完数据表以后，就可以录入数据了，向数据表中录入数据的操作步骤为：展开“学生信息管理系统”数据库，右击“学生信息”表，在弹出的快捷菜单中选择“打开表”命令，将弹出如图 3.5 所示的窗口，就可以向窗口右侧的表格中存储数据了。

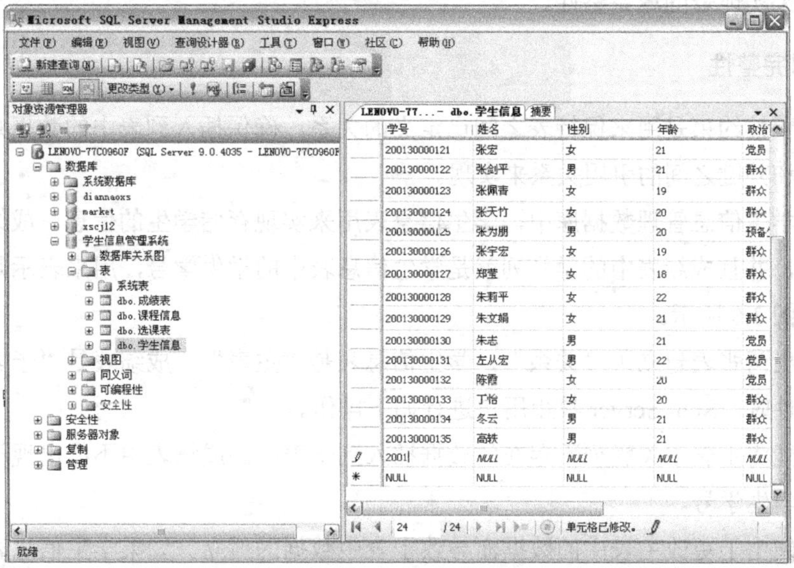

图 3.5 向学生信息表中录入数据

项目 3.2　创建数据完整性约束

任务 3.2.1　数据的完整性

数据的完整性是指数据库中数据的准确性，从数据表中取得的数据是准确和可靠的。但有时候，例如向学生信息表中录入数据时不注意，把徐伟的年龄录成 180 了，本来应该是 18，此时的数据内容是不准确、不可靠、不完整的。那么如何才能保证数据的完整性呢？通过为数据表增加约束可以保证数据的完整性，数据库需要做到以下两个方面的工作。

- 第一，检验每行数据是否符合要求。
- 第二，检验每列数据是否符合要求。

为了实现上述要求，SQL Server 提供了以下 3 种类型完整性约束。

1. 实体完整性

实体完整性要求表中的每一行数据都反映不同的实体，不能存在相同的数据行。可通过设置主键约束、惟一约束、索引约束或标识列，来实现表的实体完整性。

2. 域完整性

域完整性约束是指限定列信息的有效性。可通过限定数据类型、检查约束、默认值、非空约束，来实现表的域完整性。

3. 引用完整性

引用完整性约束是用来保持表之间已定义的关系，确保插入到表中的数据是有效的。可通过主键和外键之间的引用关系来实现。

例如在学生信息管理数据库中，学生信息表用来实现存储学生的信息，成绩表用来存储学生成绩，并且成绩表中的学号列就是学生信息表中的学生学号，用来表示是哪个学生的成绩，如图 3.6 所示。

可以看出两张表建立了“关系”，学生信息表是“主表”，成绩表是“子表”。在强制引用完整性时，SQL Server 禁止用户进行如下操作。

(1) 不能将主表中关联列不存在的数据插入到子表中。成绩表中不能出现学生信息表中不存在的学生学号。

(2) 不能由于更改主表中的数据而导致子表中数据的孤立。如果学生信息表中学号改变了，成绩表中学生的学号也应随之改变。

(3) 不能由于删除主表中的数据而导致子表中数据的孤立。如果删除了学生信息表中学生的信息，那么成绩表中对应的学生信息也应随之删除。

LENOVO-77...- dbo.学生信息 | LENOVO-77C... - dbo.成绩表 | LENOVO-77...- dbo.选课表* | LENOVO-77C... - dbo.成绩表

	姓名	性别	年龄	政治面貌	民族	家庭地址
	余伟	男	18	党员	汉	湖南
	汤磊	男	19	党员	汉	湖南
	殷宏	女	19	党员	汉	湖南
	于莉	女	20	群众	汉	湖南
	薛红	女	21	党员	汉	湖南
	赵子龙	男	19	群众	汉	湖南
	于翔	女	20	群众	汉	湖南
	张斌	男	20	群众	汉	湖南
	张宏	女	21	党员	汉	湖北
	张剑平	男	21	群众	汉	湖北
	张佩吉	女	19	群众	汉	湖北
	张天竹	女	20	群众	汉	江西

LENOVO-77C... - dbo.成绩表 | LENOVO-77...- dbo.学生信息

编号		课程编号	成绩
1003		1	80
1004		12	85
1005		1	86
1006		12	75
1007		1	60
1008		12	55
1009		1	75
1010		12	80
1011		64	67
1012		88	51
1013		50	55
NULL	NULL	NULL	NULL

图 3.6 学生成绩关系表

任务 3.2.2 数据的约束

保证数据的完整性在数据库管理系统中十分重要，在数据库系统中必须采取一些措施来防止数据混乱的产生，建立和使用约束的目的是保证数据的完整性。约束是 SQL Server 强制实行的应用规则，它通过限制行、列和表中的数据来保证数据的完整性。当删除表时，表所带来的约束也将随之删除。

约束包括 PRIMARY KEY 约束、CHECK 约束、FOREIGN KEY 约束、UNIQUE 约束和 DEFAULT 约束等。

1. 主键约束

主键约束可以惟一标识数据表中每一条记录，避免数据冗余。主键约束需要指定一列，这个列中不同的值能够表示不同的实体。如果表中一列不能确定一个实体，需要几列的组合才能确定，那么这几列可以联合作为主键，称为“联合主键”。

在 SSMS 中设置表的字段约束必须在“表设计器”中进行，可以使用工具栏的主键按钮、关系按钮、索引/键按钮、约束按钮，也可以单击鼠标右键使用快捷菜单中的设置主键、索引/键、关系、CHECK 约束命令，最终都要进入“属性”对话框进行设置。在如图 3.7 所示的学生信息表中，学号可以惟一标识不同的学生，因此可以把学号设置为主键。

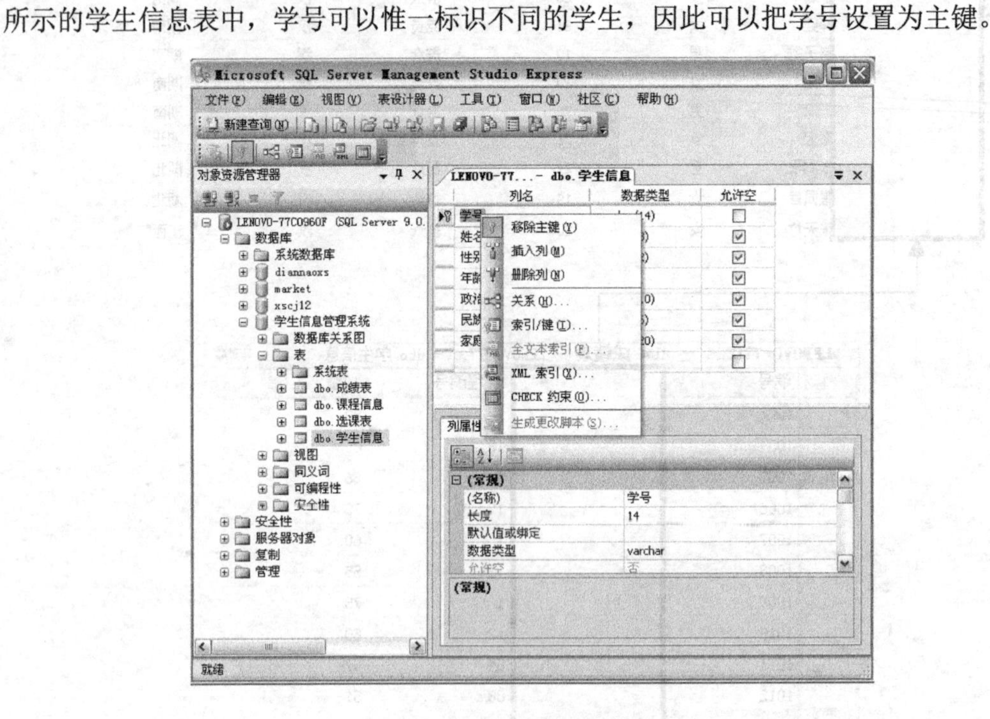

图 3.7　设置学号为主键

该列设置主键后，就不能再录入重复的学号信息了，如图 3.8 所示。

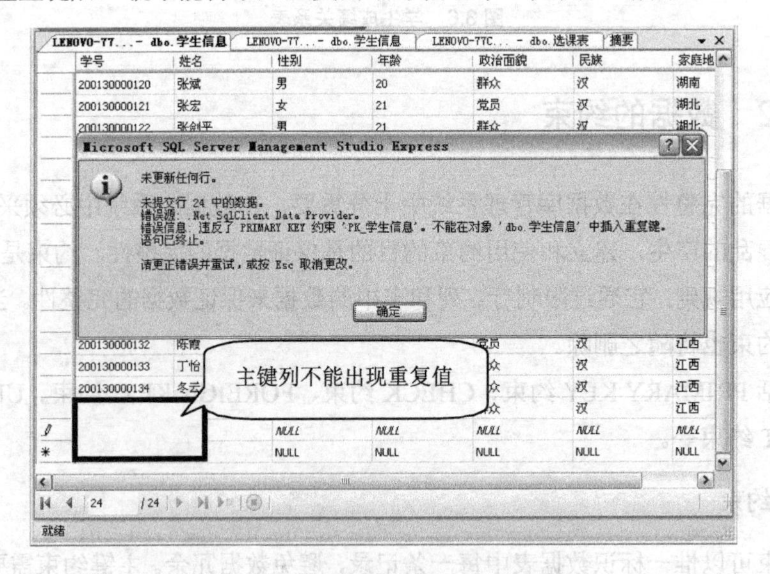

图 3.8　设定主键后学号不能出现重复值

如果表中没有合适的列作为主键，可以设定标识列作为主键，设定了主键的表，其查询的速度将提高很大。关于标识列将在后面介绍。

有时候，在同一张表中，有多个列可以用来当做主键，在选择哪列作为主键的时候，需要考虑以下两个原则：稳定性和最少性。

稳定性是指设计表时指定了哪几列设置为主键后，就不要总是改变，因为主键通常是用来建立两个表之间的引用关系的。

最少性是指组合主键的列数应尽量少，能用一列当主键，就不要用两列，因为操作一列比操作多列速度要快。

2. 外键约束

将一个表的字段设置为主键是为了惟一标识每一条记录，防止数据冗余，而将表的字段设置为另一个表的外键，则是为了使两个关联表数据保持同步。例如在成绩表中，学号是用来表示学生的成绩，但是如果在成绩表中输入的学生学号在学生信息表中根本不存在，或录入的时候写错了，该怎么办呢？

这时就应该建立一种“引用”关系，确保“子表”中的某列数据必须在“主表”中存在，以避免上述问题，而“外键”就可以达到这个目的。外键是对主键而言的，就是“子表”某列对应于“主表”中的“主键”列，它的值要求必须在主表主键列中事先存在，外键是用于实现引用完整性的。

下面以学生信息表和成绩表为例，如图3.9所示，目前两个表还没建立关系。

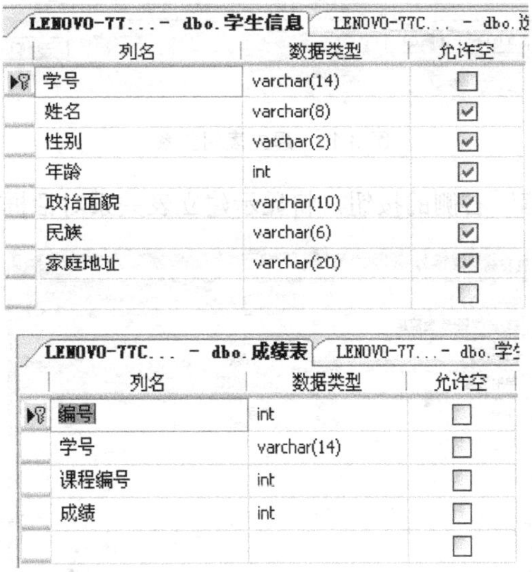

LENOVO-77...- dbo.学生信息 | LENOVO-77C... - dbo.选

列名	数据类型	允许空
学号	varchar(14)	☐
姓名	varchar(8)	☑
性别	varchar(2)	☑
年龄	int	☑
政治面貌	varchar(10)	☑
民族	varchar(6)	☑
家庭地址	varchar(20)	☑
		☐

LENOVO-77C... - dbo.成绩表 | LENOVO-77...- dbo.学生

列名	数据类型	允许空
编号	int	☐
学号	varchar(14)	☐
课程编号	int	☐
成绩	int	☐
		☐

图3.9 设置关系前的学生信息表和成绩表

在SQL Server中，可以按照下面的步骤建立两张表的关系。

(1) 在设计表的时候，选择子表，即成绩表从右键菜单选择“关系”命令，将显示“外键关系”对话框，如图 3.10 所示，单击“添加”按钮。

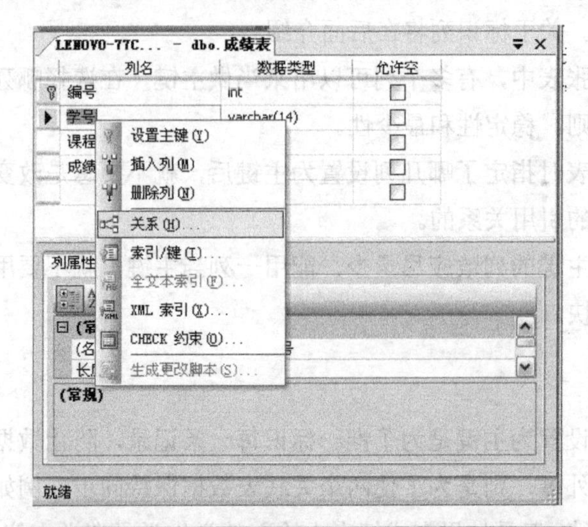

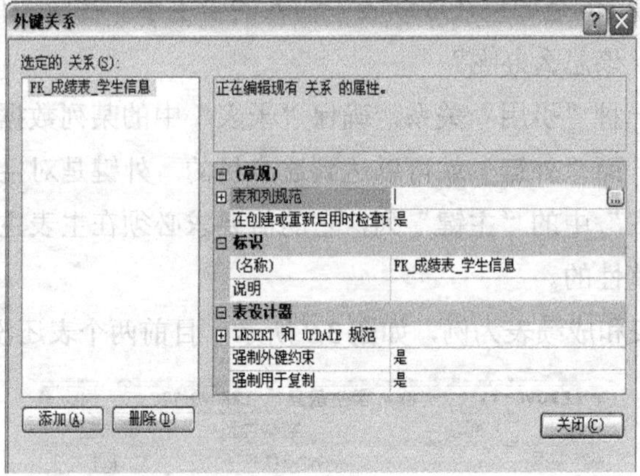

图 3.10　建立表间关系

(2) 单击“表和规范”右侧的按钮，将显示建立表关系对话框，如图 3.11 所示。

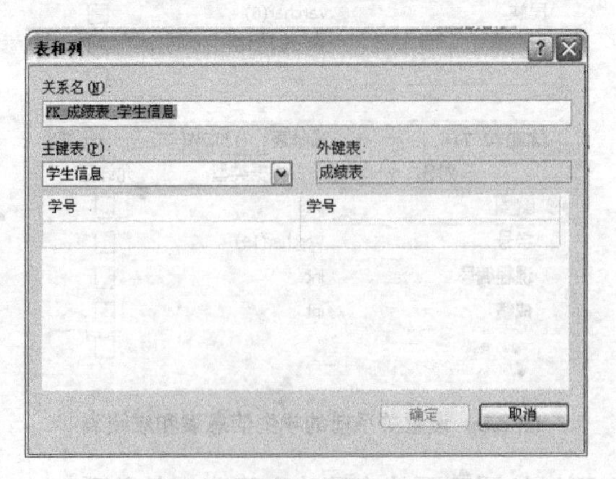

图 3.11　选择主键列和外键列

(3) 选择主表为“学生信息表”，主键字段为“学号”，对应的外键表为“成绩表”字段为“学号”。最后再调整一下关系名，单击“确定”按钮保存表结构，这样在学生信息表和成绩表之间就建立了引用关系。

还可以查看表之间的关系。可以在数据库中选择“数据库关系图”选项，然后选择两个表，即可显示主表和子表间的关系图，如图3.12、图3.13所示。

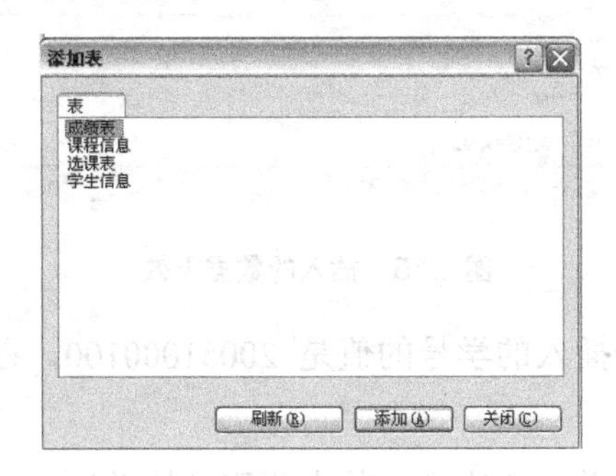

图3.12　选择表

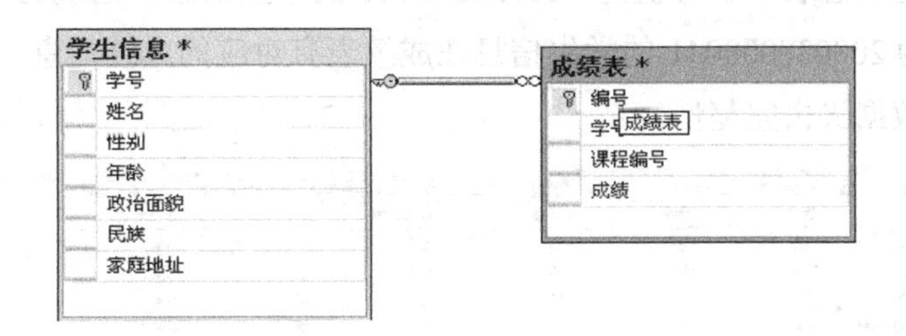

图3.13　显示表间关系

下面我们向成绩表中录入一些数据，来验证外键的作用。

① 向成绩表中插入学生成绩信息，其中学号在学生信息表中存在，如图3.14所示。

LENOVO-77C... - dbo.成绩表　LENOVO-77...- dbo.成绩表*

	编号	学号	课程编号	成绩
	1003	200030000041	1	80
	1004	200030000041	12	85
	1005	200030000042	1	86
	1006	200030000042	12	75
	1007	200030000043	1	60
	1008	200030000043	12	55
	1009	200030000044	1	75
	1010	200030000044	12	80
	1011	200130000130	64	67
	1012	200130000130	88	51
	1013	200130000130	50	55
▶	1031	200130000130	60	90
*	NULL	NULL	NULL	NULL

图3.14　插入有效数据

插入数据成功，因为学号的值是200130000130，在主表的学号列中存在，数据是有效的，根据学号值可知这个学生是“朱志”。

② 向成绩表中插入学生信息，其中的学号在学生信息表中不存在，如图3.15所示。

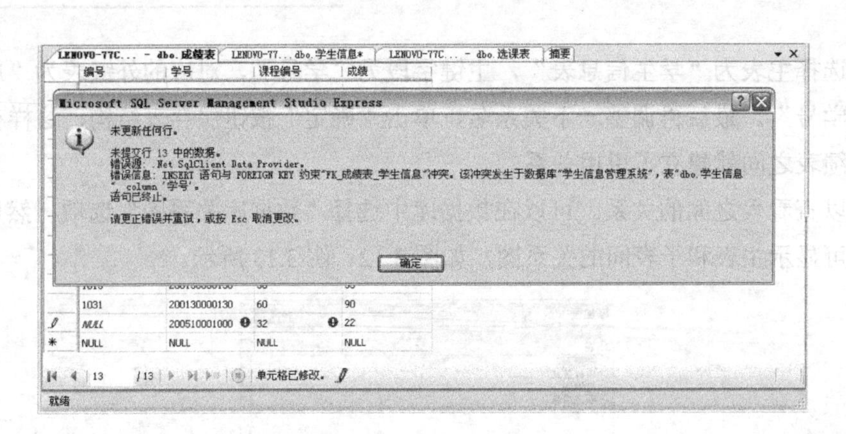

图 3.15　插入的数据无效

插入数据不成功，因为插入的学号的值是 20051000100，在主表学号列中不存在，说明这个学号无效。

③　删除学生信息表中学生的信息，其中要删除的学生，在成绩表中有对应的学生成绩信息，删除学生信息表中学号值为 200030000041 的学生信息，出现错误，如图 3.16 所示，因为学号值为 200030000041 的学生信息在成绩表有对应的成绩信息，如果把该学生删除，成绩表中的数据失去完整性。

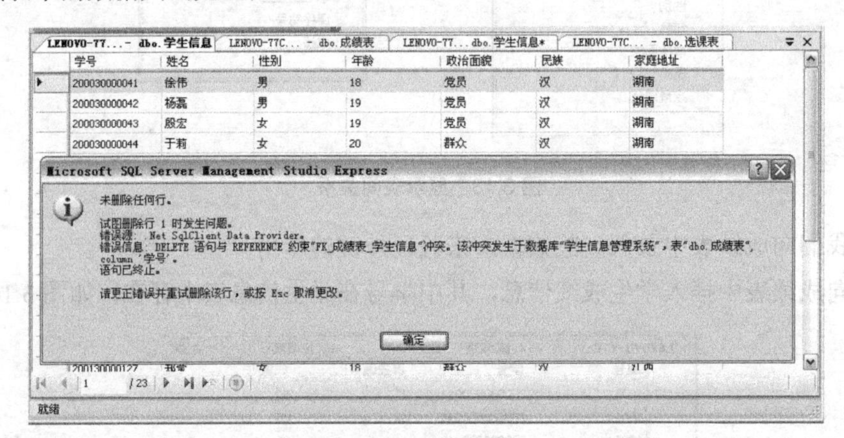

图 3.16　删除主表数据出现的错误

如果非要删除学生表中的数据，首先应删除成绩表中对应的学生记录。

提示：添加数据时，必须先添加主键表的数据，再添加外键表的关联数据；删除数据时，必须先删除外键表中的数据，再删除主键表中的数据。

3. 检查约束

检查约束就是用指定的条件(逻辑表达式)检查限制输入数据的取值范围，用于保证数据的参照完整性和域完整性。例如学生表中徐伟的年龄应该在 0~120 之间，而不应该将大于 120 或者小于 0 的数值插入进去。那么如何限制这些不符合实际的数据插入到表中呢？

这里应使用检查约束(Check)。

在 SQL Server 中可以增加检查约束表达式，来实现上述要求。

例如使用检查约束限制年龄列数值范围在 0~120 之间。

在设计学生信息表时，右击，在快捷菜单中选择“CHECK”约束命令，然后在弹出的窗口中单击“添加”按钮，弹出对话框如图 3.17 所示。

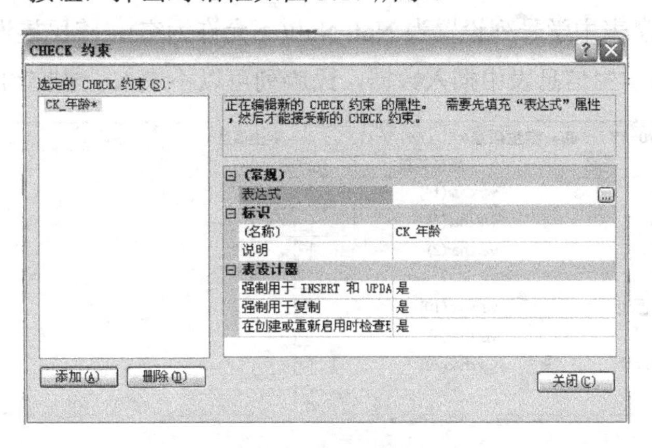

图 3.17　建立检查约束

将约束名更改为“CK_年龄”(约束名的规范为“CK_字段”)。单击“表达式”右侧的小按钮，在弹出的“CHECK 约束表达式”对话框中编写约束表达式，如图 3.18 所示。

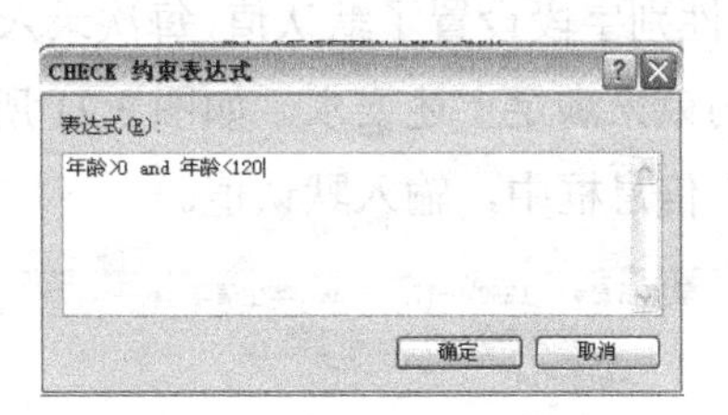

图 3.18　编写约束表达式

单击“确定”按钮保存后，再向学生信息表中的年龄列插入数据时，如果数据不在表达式范围，则出现错误，如把学生信息表中徐伟的年龄改为 180，则出现如图 3.19 所示的错误。

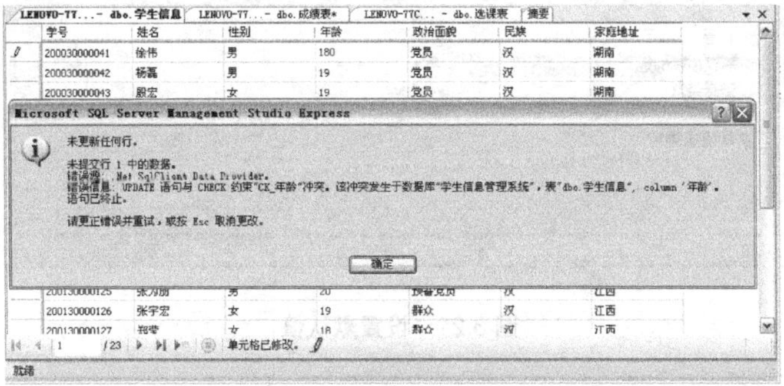

图 3.19　不符合检查约束要求

提示：一个表可以有多个约束；有时根据实际情况编写的表达式会很复杂。

4．非空约束

非空约束是一种最简单的数据库约束，其实我们在创建数据表的时候已经接触过了，比如我们将学生信息表中学号列设置为 Not Null(不允许为空)，将民族设置为 Null(允许为空)，以后我们再向学生信息表中插入数据，民族列可以不录入。非空约束如图 3.20 所示。

LENOVO-77... dbo.学生信息*　LENOVO-77...- dbo.学生信息

列名	数据类型	允许空
学号	varchar(14)	☐
姓名	varchar(8)	☐
性别	varchar(2)	☑
年龄	int	☐
政治面貌	varchar(10)	☑
民族	varchar(6)	☑
家庭地址	varchar(20)	☑
		☐

图 3.20　非空约束

5．默认值约束

在学生信息表中，学生的性别字段设置了默认值，每次录入信息时，其性别默认是“男”。

SQL Server 提供了默认约束来满足上述要求。如图 3.21 所示，在设计表的时候，可以在表的下方“默认值或绑定”信息框中，输入默认值。

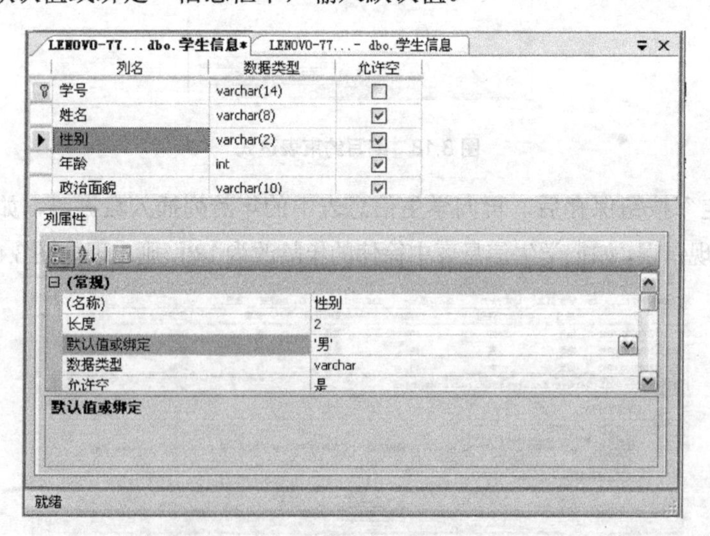

图 3.21　设置默认值

6．标识列

有时在设计的时候，表中每个列都会出现信息重复的可能，不知道用哪个字段作为主键好。例如成绩表中，如果以学号作为主键的话，每个学生有好几门课程成绩，这是不现实的，此时可以使用 SQL Server 提供的标识列来解决这个问题。

标识列其实就是在表中增加一列，数据类型为数字类型，该列值自动递增，不会出现重复数据。标识列本身没有实际意义，不属于实体属性，只是用来区分不同行的信息。以成绩表为例，“编号”就是标识列字段，并且把它设置成了主键，下面看看它的设置步骤。

(1) 在成绩表中选定“编号”字段，数据列类型为 int。

(2) 选择“列属性”表格中的“标识规范”，将“(是标识)”后面的文本框设置为“是”。

(3) 设定完标识后，还需要分别指定“标识种子”和“标识增量”，默认值都是 1，可进行调整，如图 3.22 所示，以后再向表中插入数据时，编号会自动填充。

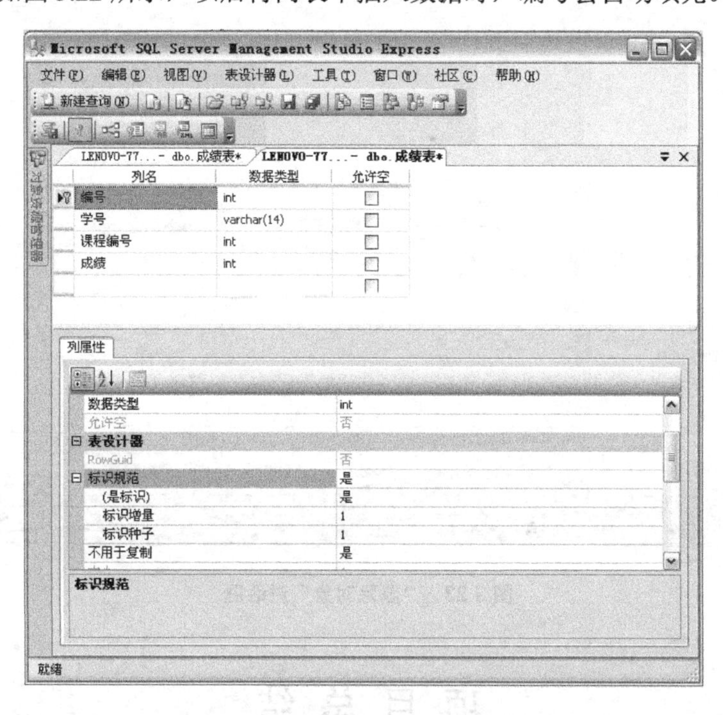

图 3.22 设置“编号”列为标识列

提示： (1) 标识列中的数据是自动生成的，不对该列数据进行插入和修改，包括 SQL 语句也不允许给标识列指定值。

(2) 删除了具有标识列表中的数据后，标识列的数值依然继续递增。

任务 3.2.3 删除数据表

如果数据表不再使用，放在数据库中也浪费磁盘空间，此时就可以把这些数据表删除，具体步骤是：右击要删除的数据表，在弹出的快捷菜单中选择“删除”命令，弹出的“删除对象”对话框，即可删除数据表，如图 3.23 所示。数据表删除后，表中数据全部丢失，

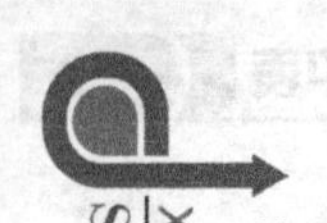

所以删除数据表一定要谨慎。

表的删除是永久性的，应当特别慎重，建议在删除之前先对数据库备份，以备恢复。

如果一个表被其他表的外键约束所引用，则必须先删除设置外键的表或解除其外键约束才能对该表进行修改或删除操作。

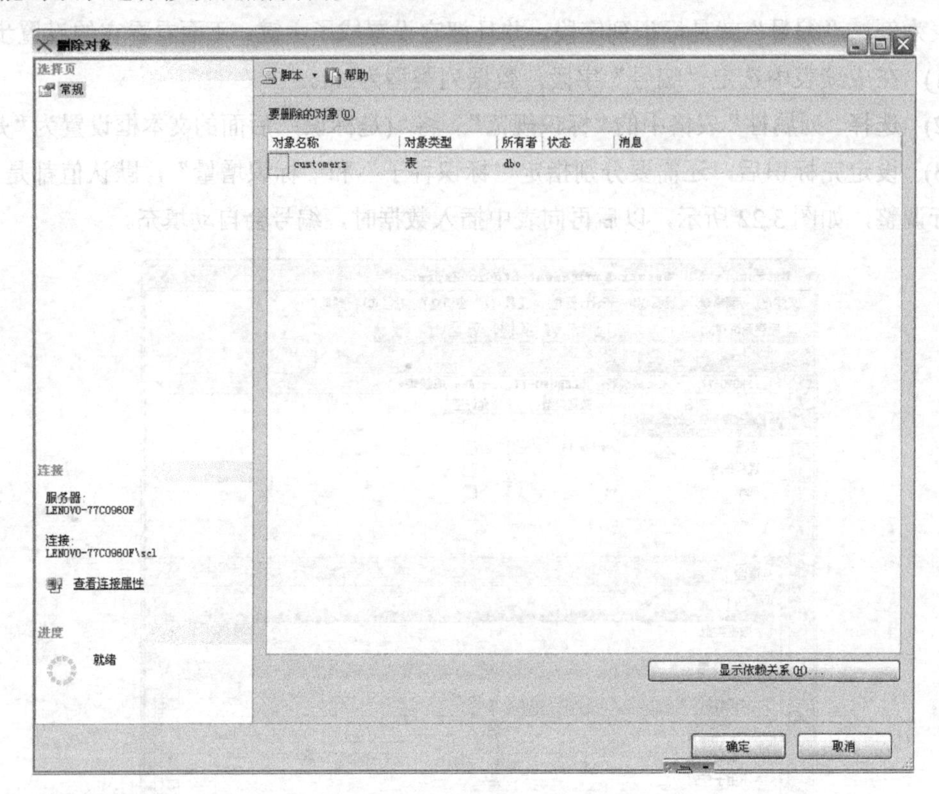

图 3.23 “删除对象”对话框

项 目 总 结

(1) 在数据表中数据重复的现象就是数据冗余，解决数据冗余常用的办法就是分类存储。

(2) 数据的完整性是指数据库中数据的准确性，从数据表中取得数据是准确的和可靠的，可以通过实体完整性约束、域完整性约束和引用完整性约束来保证数据的完整性。

(3) 如果数据库中存在主表和子表，那么在操作数据时应注意：添加数据时，必须先添加主键表的数据，再添加外键表的关联数据，删除数据时，必须先删除外键表中数据，再删除主键表的数据。

练 习 3

1. 选择题

(1) 检查约束用来实施(　　)。

A. 实体完整性　　B. 域完整性

C. 引用完整性　　D. 自定义完整性

(2) 在 SQL Server 2005 中，字段的 NOT NULL 属性用来表示(　　)约束。

A. 主键　　B. 检查

C. 非空　　D. 默认值

(3) 在 SQL Server 2005 中，以下关于主键的说法正确的是(　　)。

A. 在表创建后，一旦设定了主键，主键就不能再更改

B. 表中可以没有主键

C. 主键列可以重复

D. 主键列允许插入空值

(4) 在 SQL Server 2005 中，有一个 book(图书)表，包含 bookCode(图书编号)、title(书名)、pDate(出版日期)、author(作者)等字段，其中(　　)字段作为该表的主键最恰当的。(选择一项)

A. bookCode　　B. title

C. pDate　　D. author

(5) 在 SQL Server 2005 中，设计表时，固定长度的身份证号最好采用下面的(　　)数据类型进行存储。

A. char　　B. text

C. varchar　　D. int

(6) 表 A 中的列 ID 是标识列，属于自动增长数据类型，标识种子是 3，标识增量为 2，首先插入两行数据，然后删除一行，再向表中增加数据行的时候，标识值将是(　　)。

A. 7　　B. 5　　C. 4　　D. 9

2. 简答题

(1) 本章介绍了哪些约束？各个约束作用是什么？

(2) 简述主数据表与子表的关系。

实 训 3

第一部分 上机任务

(1) 创建图书管理系统 BooksManager 数据库。

(2) 为学生信息管理系统数据库建立检查约束。

训练技能点：

(1) 数据表的创建过程。

(2) 使用简单的表达式创建检查约束。

(3) 能够给表设置主键、外键、标识列、默认值等约束。

(4) 数据表的删除。

图书管理系统中图书基本维护、图书入库、图书销售都会产生很多数据，这些数据都需要使用数据表来进行分类存储，前面已经建立了 BooksManager 数据库，本次上机任务在上次的基础上建立数据库的表结构。在 BooksManager 数据库中需要 4 个表，每个数据表的作用描述见表 3.5～表 3.9。

表 3.5 BooksManager 数据库中的表

表	表 名	作 用	备 注
作者表	Authors	存储作者的基本信息	该表为基本表，存储作者的基本信息，为其他表提供基础数据
出版社	Publisher	存储图书的出版社信息	该表为基本表，存储出版社的基本信息，为图书表提供基础数据
图书表	Books	存储图书的基本信息	存储的信息有图书编号、作者、单价、出版商等
会员表	Customers	会员表	网站会员信息

表 3.6 Authors 表

列 名	数据类型	是否为空	默 认 值	描 述
AuthorID	int	否		标识列
AuthorName	nvarchar(40)	否		作者名称
Sex	bit	否	1	男为 1，女为 0
Birthday	datatime			生日
Email	nvarchar(50)			电子邮件
TelPhone	nvarchar(30)			电话
City	nvarchar(30)		北京	居住城市

表 3.7 Publisher 出版社表

列 名	数据类型	是否为空	默 认 值	描 述
PublisherID	int	否		标识列
PublisherName	nvarchar(40)	否		出版社名称
Address	nvarchar(40)	否		出版社地址
TelPhone	nvarchar(40)			出版社电话

表 3.8 Books 图书表

列 名	数据类型	是否为空	默 认 值	描 述
BookCode	nvarchar(30)			图书编号
BookName	nvarchar(100)			图书名称
AuthorID	int			作者编号
PublisherID	int			出版商编号
UnitPrice	money			单价

表 3.9 Customers 会员表

列 名	数据类型	是否为空	默 认 值	描 述
CustomerID	int	否		客户编号，主键
PassWord	nvarchar(6)	否		网站登录密码
CustomerName	nvarchar(10)	否		客户名称
Age	int			年龄
Rebeat	float			折扣

第二部分 任务实现

任务 1 创建 Authors 和 Publisher 数据表

掌握要点：

(1) 掌握创建数据表的步骤。

(2) 能设置字段的数据类型、主键、默认值等约束。

(3) 掌握检查约束表达式的创建过程。

任务说明：

在 BooksManager 数据库中创建 Authors 和 Publisher 表。

实现思路：

(1) 使用 SQL Server 2005 创建表。

(2) 先设计 Authors 表，分别设计字段名、数据类型、非空约束、主键。

(3) 设计 Publisher 表，分别设计字段名、数据类型、非空约束、主键。

实现步骤：

(1) 创建 Authors 表。

① 启动 SQL Server 2005，打开 BooksManager 数据库，选择“表”，然后从右键菜单中选择“新建表”命令，出现表设计器，如图 3.24 所示。

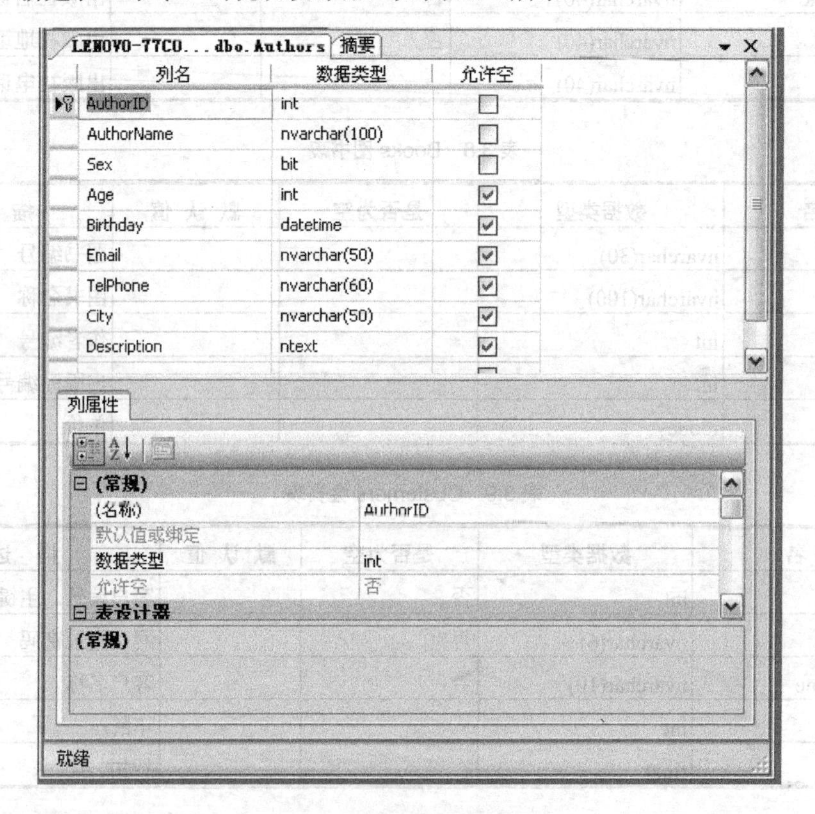

图 3.24　Authors 表结构

② 为 Sex 字段添加默认值约束 1，1 表示男，0 表示女。

③ 将 AuthorID 设置为标识列。

④ 为 City 字段设置默认值约束“北京”。

建立完成后，单击“保存”按钮，将表命名为“Authors”。

(2) 建立 Publisher 表。

① 选择 BooksManager 数据库中的“表”，然后从右键菜单中选择“新建表”命令，设计 Publisher 表结构，如图 3.25 所示。

② 设计完成后，检查各字段数据类型、非空约束、检查约束是否正确。如果正确，单击“保存”按钮，保存成“Publisher”数据表。

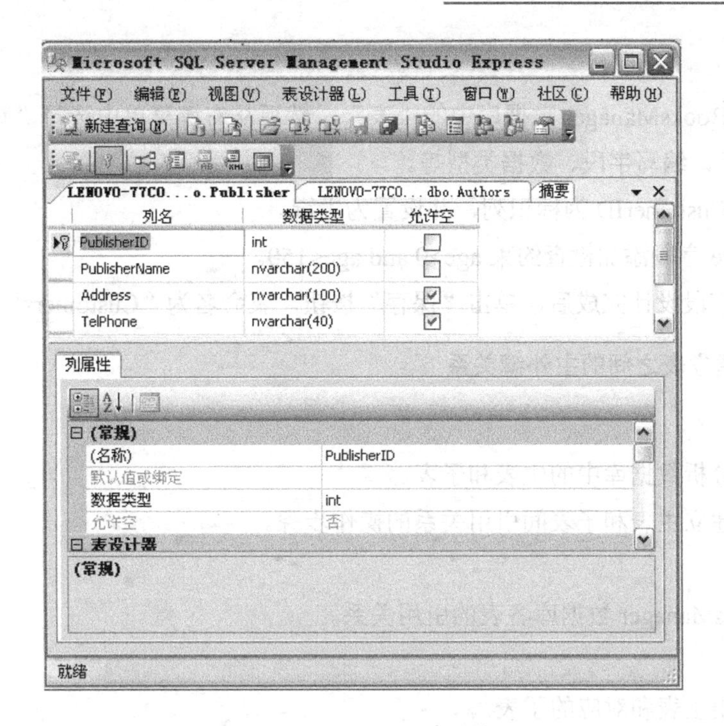

图 3.25 Publisher 表结构

任务 2 创建 Books 数据表

任务说明：

在 BooksManager 数据库中创建 Books 数据表。

实现思路：

(1) 使用 SQL Server 2005 创建表。

(2) 设计 Books 表，分别设计字段名、数据类型、非空约束、主键。

实现步骤：

(1) 选择 BooksManager 数据库中的“表”，然后从右键菜单中选择“新建表”命令，按照表 3.7 所示，编写字段、数据类型等。

(2) 设置 BookCode 为标识列，并设置为主键。

(3) 所有字段设计完成后，单击“保存”按钮，表名命名为“Books”。

任务 3 创建 Customers 数据表

任务说明：

在 BooksManager 数据库中创建 Customers 数据表。

实现思路：

(1) 使用 SQL Server 2005 创建表。

(2) 设计 Customers 表，分别设计字段名、数据类型、非空约束、主键。

实现步骤：

(1) 选择 BooksManager 数据库中的“表”，然后从右键菜单中选择“新建表”命令，按照表 3.8 所示，编写字段、数据类型等。

(2) 设置 CustomerID 为标识列，并设置为主键。

(3) 为 Age 字段添加检查约束 age>0 and age<150。

(4) 所有字段设计完成后，单击“保存”按钮，表命名为“Customers”。

任务 4 建立表之间的主外键关系

掌握要点：

(1) 能够分析数据库中的主表和子表。

(2) 掌握建立主表和子表间引用关系的操作步骤。

任务说明：

建立 BooksManager 数据库各表的引用关系。

实现思路：

(1) 分析出主表和对应的子表。

(2) 逐一创建表与表之间的引用关系。

实现步骤：

首先给出 BooksManager 数据库各表之间的主外键关系，见表 3.10。

表 3.10 BooksManager 数据表之间的主外键关系

主 键		外 键	
主键表名	字 段 名	外键表名	字 段 名
Authers	AuthersID	Books	AuthersID
Publisher	PublisherID	Books	PublisherID

参考表 3.9 设置 Books 表 AuthorID 与 Authers 表 AuthersID 之间的主外键关系，步骤如下。

(1) 打开 Books 表设计器，然后从右键菜单中选择“关系”命令，弹出“外键关系”对话框，如图 3.26 所示。

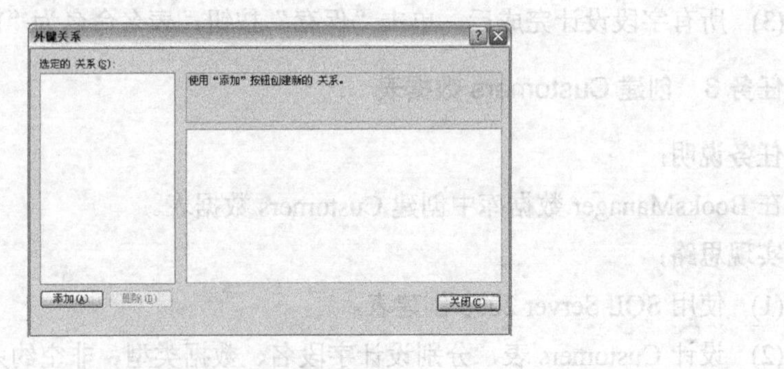

图 3.26 “外键关系”对话框

(2) 在图 3.26 中，单击“添加”按钮，如图 3.27 所示，将右侧的“(名称)”编辑框内容改为“FK_Authors_Books”。再单击 “表和列规范”编辑框中的小按钮，弹出如图 3.28 所示的对话框，设置主外键关系。

(3) 在图 3.28 中，首先选择主键表为“Authors”，再选择主键字段“AthorsID”；其次在外键表 Books 中，选择外键“AthorsID”字段。

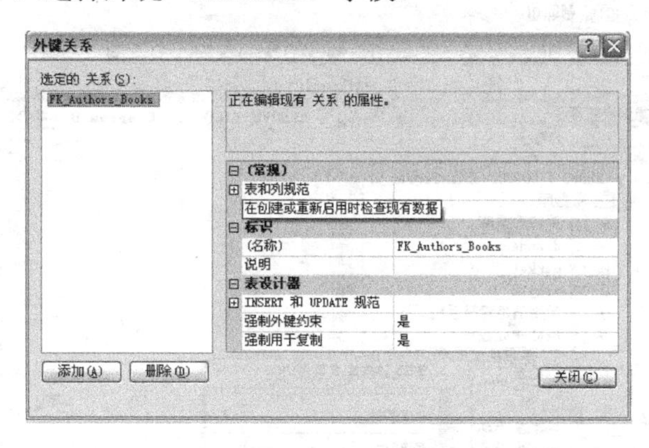

图 3.27　新增外键关系

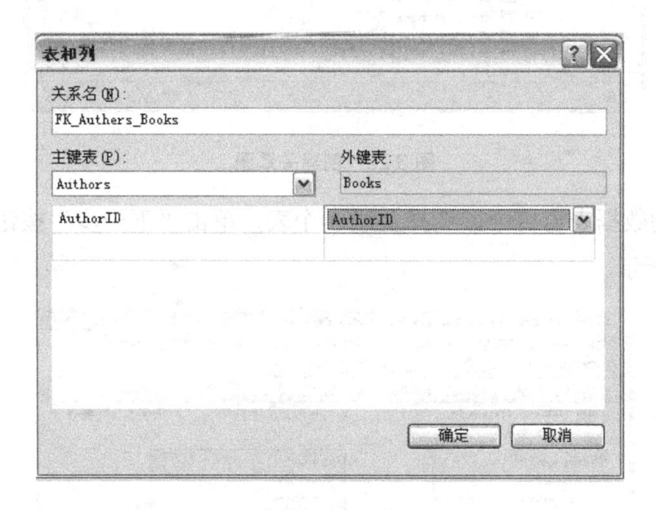

图 3.28　选择主表及子表并设置主外键字段

(4) 单击“确定”按钮，完成表 3.9 中第一行关系的设置。其他主外键设置步骤与该过程相同。

任务 5　创建数据表间的关系图

掌握要点：

掌握在 SQL Server 2005 中创建表关系的操作步骤。

任务说明：

给 BooksManager 数据库创建出数据表间的关系图。

实现步骤：

(1) 选择BooksManager数据库下的“数据库关系图”，然后右击，从快捷菜单中选择“新建数据库关系图”命令，如图3.29所示。

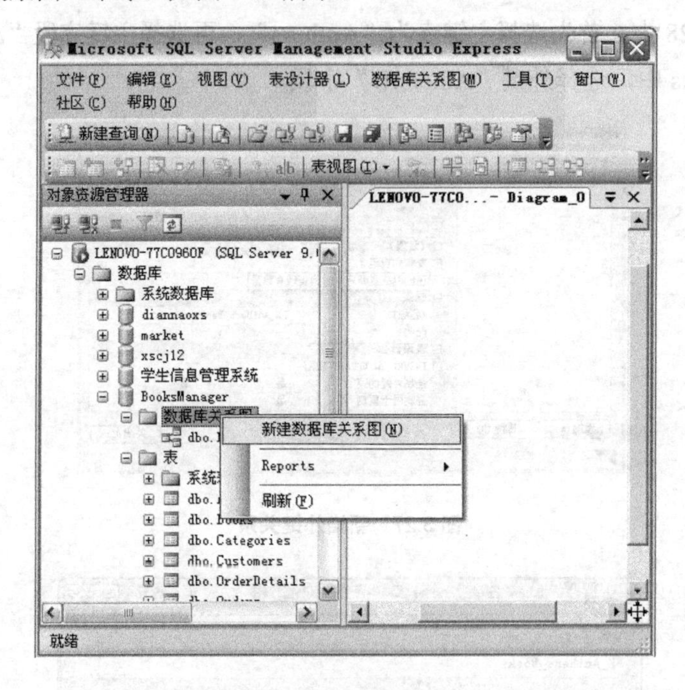

图3.29 创建关系图

(2) 在弹出的数据表窗口中，选择上述3个表，单击“下一步”按钮，自动生成表关系图，如图3.30所示。

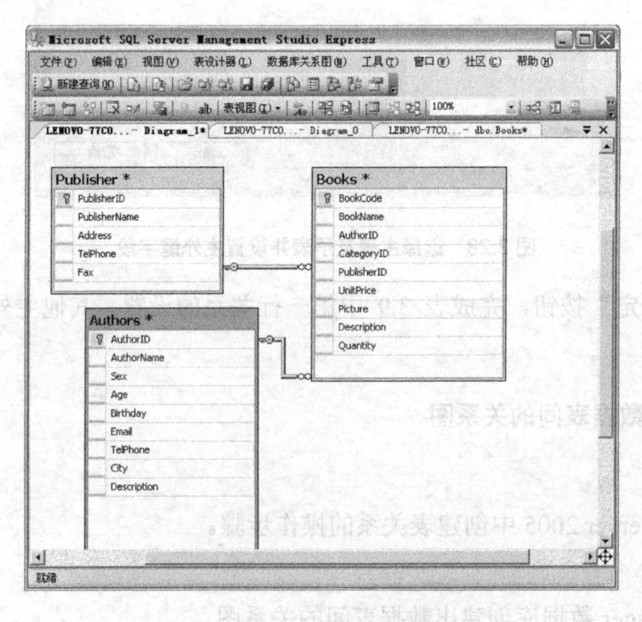

图3.30 BooksManager的数据表关系图

第三部分 作业

作业1 插入模拟数据

任务说明：

向BooksManager数据库各表中插入模拟数据，验证数据完整性。

实现思路：

打开数据表，自己分别向三个表中录入4条记录，录入数据时验证数据完整性。

作业2 创建学生信息管理数据表

任务说明：

在学生信息管理数据库中，创建如表3.11~表3.13所示的3个数据表。

表3.11 学生信息表

列名	数据类型	长度	是否为空	默认值	说明
学号	定长字符型(char)	6	×	无	主键
姓名	定长字符型(char)	8	×	无	
专业名	定长字符型(char)	10	√	无	
性别	位型(bit)	1	×	1	
出生时间	日期时间型	4	×	无	
总学分	数值型(tinyint)	1	√	无	
备注	文本型(text)	16	√	无	

表3.12 学生成绩表

列名	数据类型	长度	是否为空	默认值	说明
学号	定长字符型(char)	3	×	无	
课程号	定长字符型(char)	16	×	无	
成绩	数值型(tinyint)	1	√	无	0~100之间
学分	数值型(tinyint)	1	√	无	

表3.13 课程表

列名	数据类型	长度	是否为空	默认值	说明
课程号	定长字符型(char)	3	×	无	主键
课程名	定长字符型(char)	16	×	无	
开课学期	数值型(tinyint)	1	×	1	1~8之间
学时	数值型(tinyint)	1	×	无	
学分	数值型(tinyint)	1	√	无	

实现思路：

(1) 在对象资源管理器中创建学生信息管理数据库。

(2) 选择“学生信息管理”数据库，从右键快捷菜单中选择“新建表”命令。

(3) 在弹出的表设计器窗口中，逐一创建各表字段。

作业 3　为各表增加约束

任务说明：

为学生信息管理数据库中的各表增加约束。

实现思路：

(1) 首先分析各表都有哪些约束。

学生信息表学号列设置主键约束，性别列设置默认值约束。

成绩表中成绩列设置检查约束，成绩>=0 and 成绩<=100。

课程表中课程号列设置主键。

课程表中开课学期设置检查约束。开课学期>=1 and 开课学期<=8。

成绩表中的课程号与课程表中的课程号建立外键关系。

(2) 逐一为各表建立约束。

项目4　使用学生信息管理系统

学习任务：

- 使用 T-SQL 语句对表进行数据的查询，了解 SELECT 的用法。
- 使用 T-SQL 语句对表进行数据增加、删除、更新等操作。
- 管理数据库中的数据。
- 讲解 SQL 中常用的内置函数。

技能目标：

- 添加表数据。
- 修改表数据。
- 删除表数据。
- 简单查询数据。

课前预习：

- SQL 语言是由哪几部分组成的？
- T-SQL 中使用哪个命令向数据表中插入数据？
- 简单的 SELECT 语句有哪些子句？

项目描述：

前面我们介绍了在 SQL Server 2005 中创建数据库、数据表及建立表的关系的基本操作，同时还讲解了数据完整性的概念及解决方法。从现在开始我们将学习 SQL 语言，通过 SQL 命令来操作数据表。要想成为合格的数据管理工程师，T-SQL 语言是必须熟练掌握的。

引例

数据录入员小王已经为学生信息管理系统数据库中的“学生”表录入了数据。现在，行政人员通知他要对数据进行修改，将学生信息表中的所有“计算机信息管理”专业都改为“计算机应用”专业。小王不想在 SQL Server 2005 的 SQL Server Management Studio 环境中对数据逐一地进行修改，怎么办呢？于是他请教了对数据库较精通的开发人员，得知可以利用 SQL 语言来实现，只要在 SQL Server 2005 的查询编辑器中输入一条 SQL 语句并执行，即可实现对学生专业数据的修改。

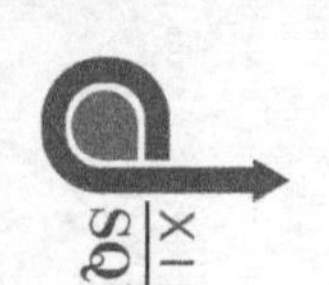

项目目标：

通过管理使用“学生信息管理系统”数据表，学习掌握数据表的更新、数据的查询及删除等操作，通过实际的应用，真正灵活地掌握数据库的基本操作。

项目 4.1 数 据 操 作

到目前为止，我们已经学会了在 SQL Server 中以手工的方式创建数据库、数据表，及向数据表中插入数据的基本操作，但作为数据库管理人员，掌握这些知识是远远不够的。例如大家都有买火车票的经历，当你告知售票员出发地和目的地后，售票系统立刻能查询出有哪些车次，及每个车次的剩余票数，而这些信息是存储在数据库中的，那么售票系统软件是怎样从数据库中取出这些数据的呢？其实数据库中有一套指令集，只要程序向数据库发送指令，数据库就能执行指令并且返回你所需要的数据，而这套指令就是 SQL。

任务 4.1.1 T-SQL 语言概述

T-SQL 全称是 Transact Structure Query Language，翻译过来就是结构化查询语言，是 1974 年 Boyce 和 Chamberlin 提出的，后来 IBM 公司研制的关系数据库 System R 采用了这个语言，经过多年发展，T-SQL 语言已经成为关系数据库的标准语言。目前市场上几乎所有的数据库系统都支持 SQL，例如 Oracle、Sybase、MySQL、Access 等。

T-SQL 语言主要由以下几部分组成。

- 数据操作语言(Data Manipulation Language，DML)：用来查询、插入、删除和修改数据库中的数据，如提供的 SELECT、INSERT、UPDATE、DELETE 等常用命令。
- 数据定义语言(Data Definition Language，DDL)：用来创建数据库、数据表、视图、存储过程的操作指令。如 Create Table、Drop Table。
- 数据控制语言(Data Control Language，DCL)：用来管理数据库用户的权限、数据完整性、安全性、并发性等数据库管理操作。如 Grant。

其中 DML(数据操作语言)是本门课程介绍的重点。

任务 4.1.2 使用 INSERT 语句插入数据

在 SQL Server 2005 中，除了使用 SQL Server Management Studio 手工向表中录入数据，还可以使用 T-SQL 中的 INSERT 语句以命令代码方式向数据表中插入数据。下面我们一起来学习。

1. 使用 INSERT 语句插入单行数据

使用 INSERT 语句前，首先需要掌握它的语法：

```
INSERT  [INTO]  <表名>  [列名]  VALUES  <值列表>
```

其中：“[]”代表可选的；“<>”代表需要的。

如果有多个列名和多个列值，需要用逗号隔开。

【例 4-1】 向学生信息表中插入一名学生信息，代码如下：

```
INSERT INTO 学生信息
VALUES('201100000100','王飞','男',20,'群众','汉','山东')
```

SQL 语句写完后，就可以在 SQL Server Management Studio 查询窗口中执行 SQL 语句了。打开查询窗口的步骤：

选择“学生信息管理系统”数据库，单击工具栏中 新建查询(N) 按钮，在窗口右侧出现新建的查询窗口，如图 4.1 所示。

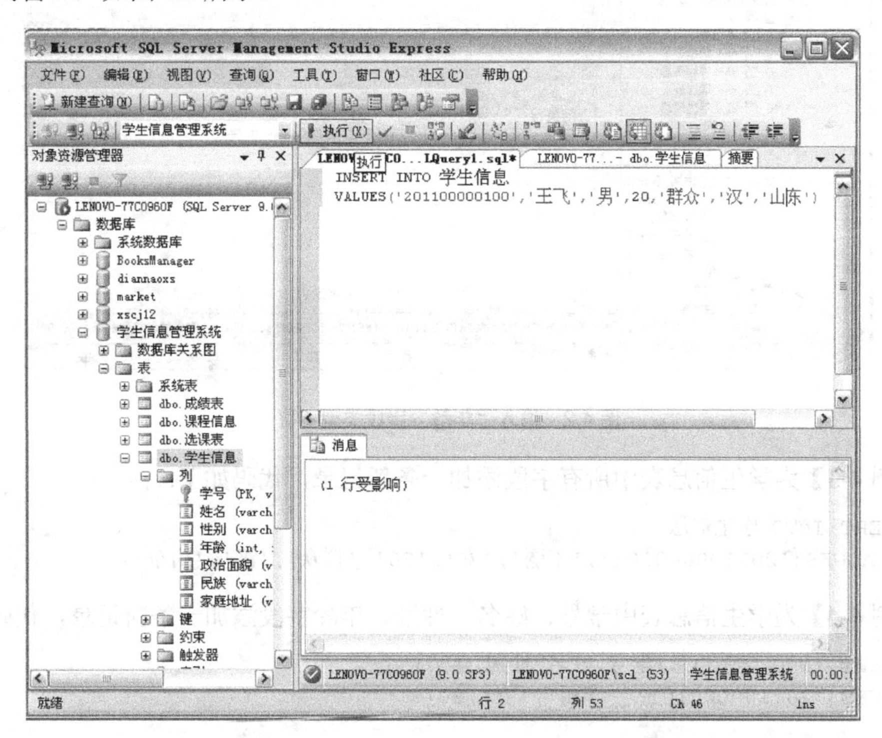

图 4.1 在 SQL Server 查询窗口中执行 SQL 语句

在 SQL Server Management Studio 工具栏中，“√”按钮用来检查 SQL 语句语法；“执行”按钮用来执行 SQL 语句。

在使用 INSERT 语句时应注意以下问题。

(1) 值列表的个数必须与列名数目保持一致。

(2) 值列表中的值的数据类型、精度要与对应的列类型保持一致。

如下面例4-2中的SQL语句年龄字段所对应的值为“abc”，类型不一致，执行时将出现错误。

【例4-2】向学生信息表中插入一名学生信息，年龄字段输入的是“abc”，代码如下：

```
INSERT INTO 学生信息 VALUES('201100000101','王飞','男','abc','群众','汉','山东')
```

在SQL Server management Studio环境中运行，会出现如图4.2所示的错误。

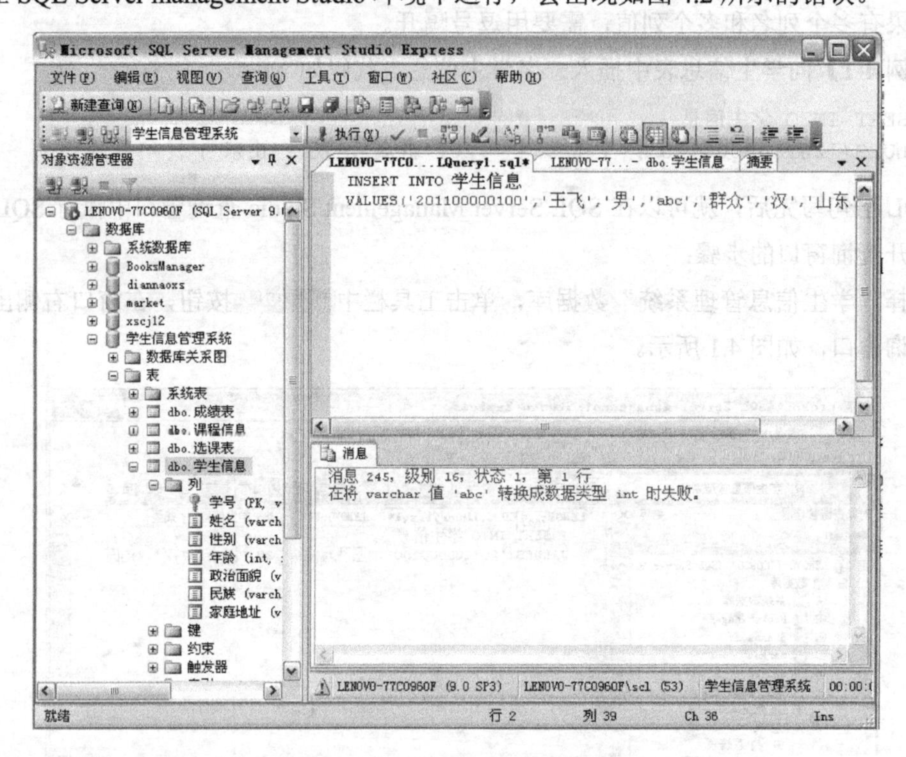

图4.2 输入“年龄”字段类型不符

【例4-3】为学生信息表中所有字段添加一条新记录，代码如下：

```
INSERT INTO 学生信息
  VALUES('201100000101','李丽','女','20','群众','汉','山东')
```

【例4-4】为学生信息表中学号、姓名、性别、年龄字段添加一条新记录，代码如下：

```
INSERT INTO 学生信息(学号,姓名,性别,年龄)
VALUES('201100000101','李丽','女',20)
```

【例4-5】为学生信息表添加一条新记录，设置检查约束的字段要符合约束条件，如下面的代码中年龄字段不满足检查约束，输入后运行，会出现如图4.3所示的错误。代码如下：

```
INSERT INTO 学生信息(学号,姓名,性别,年龄)
VALUES('201100000101','李丽','女',200)
```

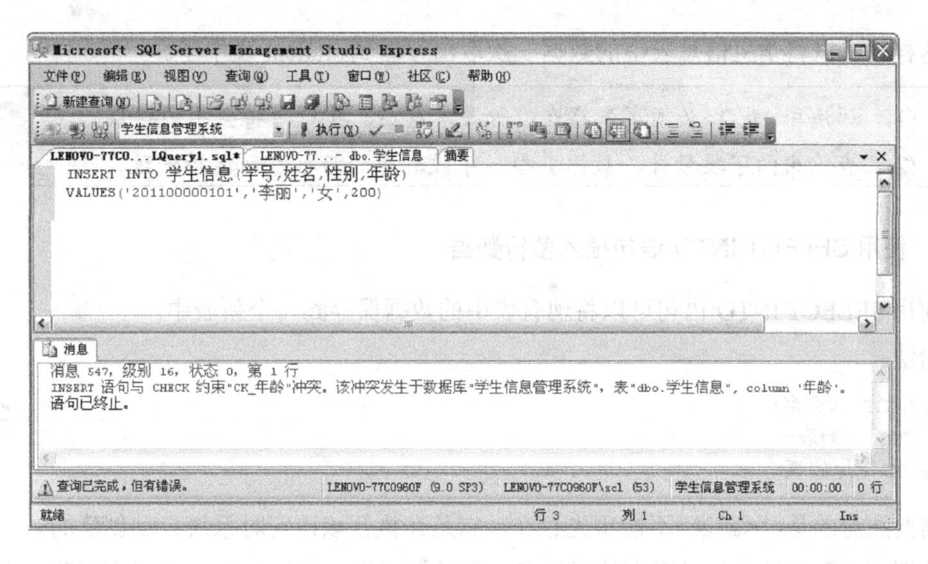

图 4.3 “年龄”字段输入不满足检查约束

如果一个表中某些字段设置了默认值，那么使用 INSERT 语句如何给该列插入默认值呢？例如学生表中“性别”列设置了默认值为“男”，那么如何编写 SQL 语句呢？有两种方法。

第一种，INSERT 语句中不指定具有默认值的列名和列值：

```
INSERT INTO 学生信息(学号,姓名,年龄)
VALUES('201100000101','李国',20)
```

第二种，INSERT 语句中指定列名，在值列表中使用“DEFAULT”关键字与之相对应。

```
INSERT INTO 学生信息(学号,姓名,性别,年龄)
VALUES('201100000101','李国',DEFAULT,20)
```

提示： 一般来说，日期类型和字符串类型应该使用单引号包围起来。
可以不指定列名，但值列表中的值的顺序应该与表中字段顺序保持一致，为部分字段添加数据时，必须指定列名。
不应为标识列字段指定值，因为它是系统控制自动增长的。

2. 使用 INSERT SELECT 语句插多行数据

使用 INSERT SELECT 语句可以把现有数据表中的数据添加到其他表中。

语法：

```
INSERT INTO <表 2>[列名]
SELECT<列名> FROM<表 1>
```

例如，将学生信息表中的所有学生姓名、性别、年龄保存到 student 表中：

```
INSERT INTO student (姓名,性别,年龄)
SELECT 姓名, 性别, 年龄 FROM 学生信息
```

这样就可以将学生信息表中的数据一次取出存储到 student 表中了。

提示：(1) 语法中<表 2>必须事先存在。如果不存在，执行时将会出现错误。
(2) 查询出的字段数目、数据类型、字段顺序，与插入列保持一致。

3. 使用 SELECT INTO 语句插入多行数据

使用 SELECT INTO 语句可以将现有表中的数据保存到一个新表中。

语法：

```
SELECT  <列名>
INTO   <新表>
FROM  <原始表>
```

需要注意的是，<新表>不能事先存在，它是在执行该语句时系统自动创建的。

【例 4-6】将学生信息表中的"姓名、年龄、民族、家庭地址"数据存储到一个新表 XS 中，代码如下：

```
SELECT  姓名，年龄，民族，家庭地址
INTO  XS
FROM 学生信息
```

4. 使用 UNION 关键字插入多行数据

UNION 可以把多条数据合并成一个数据集，一并插入到数据表中。

语法：

```
INSERT [INTO] <表名>  [列名]
SELECT  <值列表> UNION
    SELECT  <值列表>  UNION
SELECT  <值列表>
```

【例 4-7】向学生表中一次插入多位学生信息，代码如下：

```
INSERT INTO 学生信息(学号,姓名,性别,年龄)
SELECT  '201100000102','李真,'女',20 UNION
SELECT  '201100000103','王宏,'女',21 UNION
SELECT  '201100000104','王超,'男',21 UNION
SELECT  '201100000105','李浩,'男',22
```

任务 4.1.3 使用 UPDATE 语句修改数据

有时我们还可以通过 SQL 命令来更新数据表中的数据，更新数据使用 UPDATE 语句，下面列出语法形式：

```
UPDATE  <表名>  SET  <列名=值>  [WHERE<更新条件>]
```

其中：

- <列名=值>为必选项，用于更新表中的某列数据，在 SET 后面可以出现多个，只需要用逗号隔开。
- WHERE 关键字是可选的，用来限定条件，如果 UPDATE 语句不限定条件，表中所有数据行都被更新。

【例 4-8】将学生信息表中所有学生的居住城市都更改成“北京”，代码如下：

```
UPDATE  学生信息
SET 家庭地址='北京'
```

【例 4-9】将“成绩表”中“课程编号”为 1 的学生成绩改为 90：

```
UPDATE  成绩表
SET 成绩=90  WHERE 课程编号=1
```

有时更新语句中还可以使用表达式。

【例 4-10】将学生信息表中男同学的年龄都增加 2 岁：

```
UPDATE  学生信息
SET 年龄=年龄+2  WHERE 性别='男'
```

在使用 UPDATE 时，应注意以下问题。

(1) 更新主键列数据。

更新主键列数据时，应保证更新后的主键列数据不能出现重复信息，否则将更新失败。

【例 4-11】试图将学生学号由“200030000041”更改为“200130000135”，执行时出现如图 4.4 所示的错误，因为学生信息表中已经存在学号为“200130000135”的学生，违反了主键的约束。SQL 语句如下：

```
UPDATE  学生信息
SET 学号='200130000135 '  WHERE 学号=' 200030000041'
```

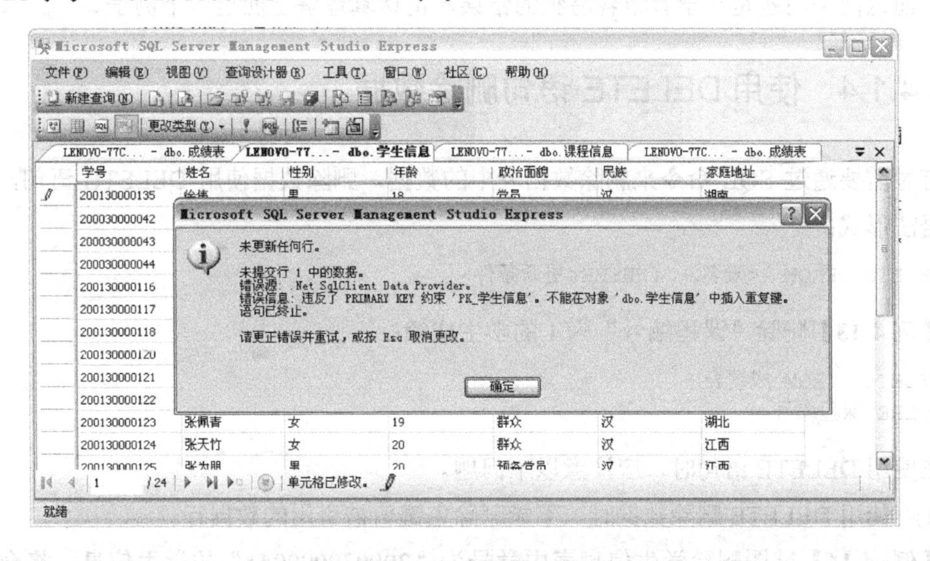

图 4.4　更新主键列出现重复数据将产生错误

(2) 更新表中的外键列数据。

可以更新表中的外键列数据，但应保证新数据在主键表中应事先存在。

【例 4-12】试图将“成绩表”中的“学号”200030000041 更改为 20110000201，执行时将出现如图 4.5 所示的错误，因为违反外键约束。

代码如下：

```
UPDATE  成绩表
SET 学号='20110000201'  WHERE 学号=' 200030000041'
```

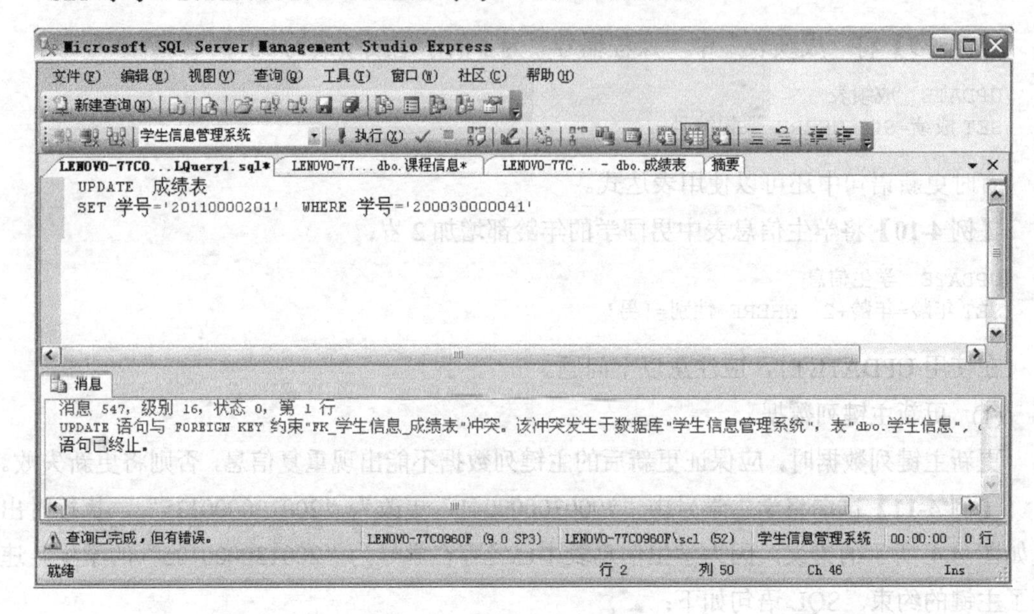

图 4.5　更新外键列出现错误

上面这两个问题是初学者很容易犯的错误，请认真理解上面这两个例子。

任务 4.1.4　使用 DELETE 语句删除数据

有时需要通过 SQL 命令来删除数据表中的数据，删除数据使用 DELETE 语句，下面列出语法形式：

```
DELETE  FROM  <表名>  [WHERE<更新条件>]
```

【例 4-13】删除“课程编号”为 1 的学生成绩：

```
DELETE  FROM 成绩表
WHERE 课程编号=1
```

在使用 DELETE 语句时，应注意以下问题。

(1) 使用 DELETE 删除数据时，不能删除主键值被引用的数据行。

【例 4-14】试图删除学生信息表中学号为“200030000041”的学生信息，将会出现如图 4.6 所示的错误。

```
DELETE  FROM 学生信息
WHERE 学号='200030000041'
```

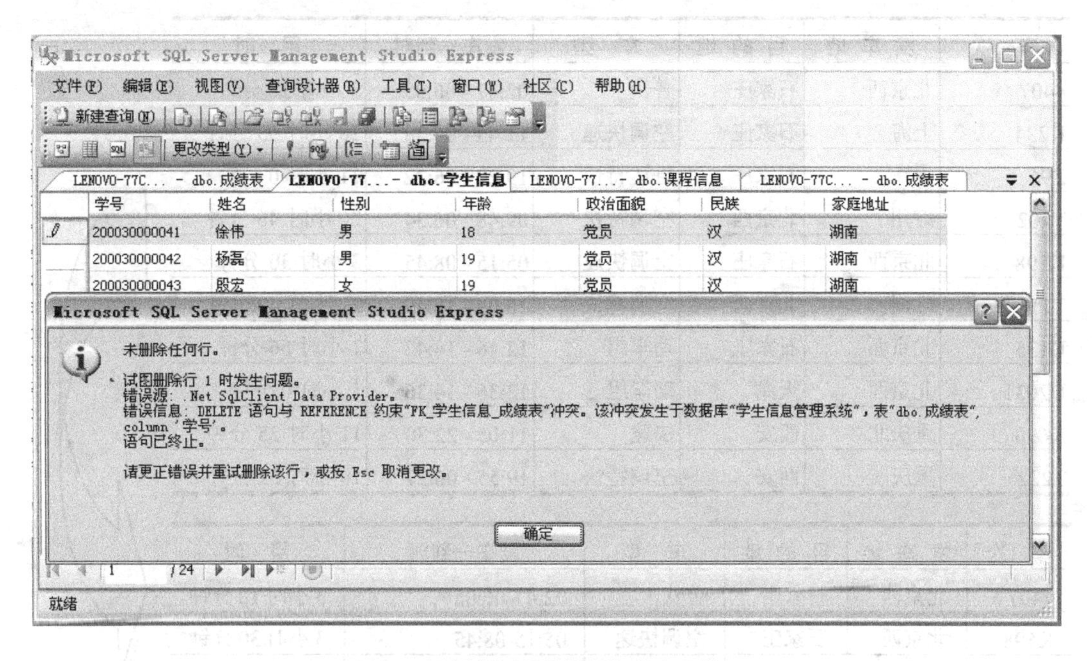

图 4.6　删除被引用的数据行将出现错误

(2)　使用 Truncate Table 语句删除数据。

如果要删除整个表的数据，还可以使用 Truncate Table 语句，它相当于一个没有 WHERE 子句的 DELETE 语句。与 DELETE 相比，它在执行时使用的系统资源和事务日志更少，执行速度更快。

【例 4-15】 将“课程信息”表中的所有数据全部删除。

代码如下：

```
Truncate  Table 课程信息
```

> **提示：** (1) Truncate Table 删除表中的数据行时，不会删除表结构及各种约束。
> (2) Truncate Table 不能删除具有引用关系的数据表。

项目 4.2　简单数据查询

在讲解查询之前，还是有必要说明一下查询的机制。查询是在现有的数据库中，过滤出符合条件的信息。以查询火车票为例，要查询从北京西到石家庄的车次，实际上是从诸多车次的完整表中查找出符合条件的记录，即由表 4.1 中的上表获得表 4.1 中的下表。

表 4.1 查询到符合的“记录集”

车 次	发车地	目的地	车 型	发车—到时	用 时
4407	北京西	石家庄	普快	02:47 - 06:05	3 小时 18 分钟
K234	上海	石家庄	空调快速	11:45 - 06:38	18 小时 53 分钟
Z96	上海	石家庄	直达特快	19:22 - 06:22	11 小时 0 分钟
T202	广州	北京西	空调特快	09:48 - 06:34	20 小时 46 分钟
K598	北京西	石家庄	空调快速	05:15 - 08:45	3 小时 30 分钟
T11	广州	北京西	空调特快	15:09 - 12:49	21 小时 40 分钟
D135	北京西	石家庄	动车组	12:46 - 14:42	1 小时 56 分钟
D2031	北京西	天津	动车组	12:36 - 14:36	1 小时 0 分钟
K690	重庆北	西安	快速	11:05 - 22:30	11 小时 25 分钟
T222	重庆	西安	空调特快	19:55 - 06:27	10 小时 32 分钟

车 次	发车地	目的地	车 型	发车—到时	用 时
4407	北京西	石家庄	普快	02:47 06:05	3 小时 18 分钟
K598	北京西	石家庄	空调快速	05:15-08:45	3 小时 30 分钟
D135	北京西	石家庄	动车组	12:46-14:42	1 小时 56 分钟

在现有的数据库表中查询的时候，可以理解为逐行过滤，找到符合条件的数据行，将其提取出来，然后组织成一个类似于表的结构体，返回给用户，这便是查询的结果，通常叫做“记录集”。记录集是一个虚拟的表，还可以使用 SQL 语句在记录集的基础上继续查询。下面就来学习 SQL 中的查询语句。

任务 4.2.1 SELECT 查询语句

首先学习 SELECT 语句的语法格式：

```
SELECT [列名]
FROM [表名]
[WHERE <查询条件表达式>]
[ORDER BY <排序的列名>[ASC 或 DESC]]
```

其中：[]代表可选的；<>代表必需的。

如果有多个列名，需要用逗号隔开。

ORDER BY 是用于排序的，可以将查询出的数据按照 ORDER BY 所指定的字段进行排序，排序时还可以通过 ASC 或 DESC 指定升序或降序排列。

1. 查询数据表中部分列

【例 4-16】使用 SELECT 语句查询学生信息表中学生姓名、年龄、性别等信息。代码如下：

```
SELECT 姓名,年龄,性别 FROM 学生信息
```

2. 查询表中的所有列

如果要将表中的所有列查询出来，可以在列名处使用 * 字符，* 字符代表所有列。

【例 4-17】使用 SELECT 查询学生表的所有信息。代码如下：

```
SELECT *  FROM  学生信息
```

3. 使用 AS 子句将列转换别名

为了使查询出的结果集标题更加易懂，可以使用 AS 关键字将英文列名转成有意义的标题。

【例 4-18】使用 SELECT 查询学生表中姓名、年龄、性别、家庭地址的信息，给“家庭地址”起个别名“居住城市”。代码如下：

```
SELECT 姓名,年龄,性别,家庭地址 AS 居住城市  FROM  学生信息
```

除了使用 AS 子句转别名，还可以使用等号(=)来实现。

如上例还可以写为：

```
SELECT 姓名，年龄，性别，居住城市=家庭地址 FROM 学生信息
```

提示：(1) 使用 AS 转换别名时，如果是中文别名，可以不写引号。
(2) 别名列应使用英文半角引号，否则会出错。

4. 使用 TOP 关键字查询表中限定行数

如果一个表存储了 200 行数据，现在只要求取出前 5 行，可以使用 TOP 来限定查询行数。

【例 4-19】显示学生信息表中前 10 行信息：

```
SELECT  TOP 10  *  FROM  学生信息
```

如果要取出前 10 条信息并只显示作者姓名、年龄两列信息，怎样写呢？

【例 4-20】显示学生信息表中前 10 行信息：

```
SELECT  TOP 10  姓名,年龄  FROM  学生信息
```

有时需要从表中按一定的百分比提取记录，这时需要使用 PERCENT 关键字来限制。

【例 4-21】显示学生信息表中 10%学生信息：

```
SELECT  TOP 10 PERCENT  *  FROM  学生信息
```

5. 使用 DISTINCT 关键字屏蔽重复数据

数据表中难免会出现重复数据，如学生信息表中家庭地址一列就存在重复数据，例如

很多学生的居住地都是在北京。

现要求查出学生信息表中出现过的地址信息，要求不能出现重复数据，此时可以使用DISTINCT关键字。DISTINCT的作用是屏蔽结果集中的重复数据行。

【例4-22】显示学生信息表中学生的来源地：

```
SELECT  DISTINCT 家庭地址  FROM  学生信息
```

6. 使用WHERE子句过滤部分行数据

在数据库中查询数据时，有时用户只希望可以得到一部分数据而不是全部，如果还使用SELECT…FROM结构，就会因为大量不需要的数据而使应用实现起来很麻烦，这时就需要在SELECT语句中加入条件语句，即WHERE子句。

格式：WHERE 条件表达式

功能：从查询的数据集中挑选出符合条件的记录。

说明：WHERE子句必须紧跟在FROM子句后面。

条件表达式用于指定被显示记录所满足的查询条件。

注意：条件表达式中可以包含字段名，但不允许使用为某个字段或计算列指定的别名，因为WHERE子句指定的内容就是表达式。

条件表达式的运算结果必须是逻辑值TRUE、FALSE、UNKNOWN。

(1) 比较运算符：>　>=　=　<　<=　<>，各符号含义如表4.2所示。

表4.2　常用的条件运算符

运算符	含义	示例
=	等于	课程编号=5
>	大于	年龄>20
<	小于	年龄<20
>=	大于等于	年龄>=20
<=	小于等于	成绩<=100
<>	不等于	课程编号<>10

【例4-23】在学生信息表中，查询出女同学的学号、姓名、性别：

```
SELECT  学号,姓名,性别 FROM 学生信息
        WHERE  性别='女'
```

【例4-24】在学生成绩表中，查询出大于80分的学生信息：

```
SELECT  *  FROM 成绩表
        WHERE 成绩>80
```

(2) 逻辑运算符：NOT、AND、OR。各符号的含义如表4.3所示。

表4.3 逻辑运算符的含义

运 算 符	含 义	示 例
AND	连接的两个条件表达式都为True，表达式结果才为True，否则为False	A > 90 AND B >100
OR	连接的两个条件表达式中有一个为True，则表达式结果就为True	A >90 OR B >100
NOT	否定条件	NOT(A > 90)

【例4-25】从学生信息表中，查询出北京的女同学的学号、姓名、性别：

```
SELECT  学号,姓名,性别 FROM 学生信息
        WHERE  性别='女' AND 家庭地址='北京'
```

【例4-26】从学生信息表中，查询出家庭地址是北京的同学或者女同学的学号、姓名、性别：

```
SELECT  学号,姓名,性别 FROM 学生信息
        WHERE  性别='女' OR 家庭地址='北京'
```

【例4-27】从学生成绩表中，查询出课程编号为1 并且成绩大于80分的学生信息，

```
SELECT  * FROM 成绩表
        WHERE 成绩>80  AND  课程编号=1
```

(3) 范围运算符：[NOT] BETWEEN 起始值 AND 终止值。

语法格式：

```
WHERE  <列名>  [NOT]  BETWEEN  <起始表达式> AND  <结束表达式>
```

【例4-28】在成绩表中查找成绩在70到90之间的学生信息：

```
SELECT 编号,学号,课程编号,成绩
FROM 成绩表
WHERE 成绩 BETWEEN 70 AND 90
```

(4) 列表运算符：[NOT] IN(值1， …，值n)。

语法格式：

```
WHERE  <列名>  IN  <[常量列表]>
```

【例4-29】查询家庭地址是“北京”、“上海”、“湖南”、“湖北”的学生：

```
SELECT 学号,姓名,性别 FROM 学生信息
WHERE 籍贯 IN ('北京','上海','湖南','湖北')
```

(5) 模糊匹配运算符：[NOT] LIKE ‘通配符’。

查询时，字段中的内容并不一定与查询内容完全匹配，只要字段中含有这些内容。如在学生信息表中查找姓王的学生信息，如何实现呢？

模糊匹配运算符与LIKE关键字配合使用，表示一个模糊的范围(见表4.4)。

语法格式：

```
WHERE <列名> [NOT] LIKE <字符表达式>
```

表4.4 模糊匹配运算符的含义

运 算 符	含 义	示 例
%	任意长度的字符串	姓名 LIKE '李%.'
'_'	任意一个字符	姓名 LIKE '张_'
[]	在指定范围内的一个字符	A LIKE 'A6C8[1-5]'
[^]	不在指定范围内的任意一个字符	A LIKE 'A6C8[^1-6]'

【例4-30】查询学生信息表中学生姓名以“王”开头的学生信息：

```
SELECT * FROM 学生信息
WHERE 姓名 LIKE '王%'
```

【例4-31】从学生信息表中，查询出姓名包括“红”的学生的学号、姓名、性别：

```
SELECT 学号,姓名,性别 FROM 学生信息
WHERE 姓名 LIKE '%红%'
```

(6) 空值运算符：[NOT] IS NULL。

有时数据表中经常会看到很多NULL这样的值，这代表的是空，空代表还没有录入过数据，它与空字符是不同的。

【例4-32】显示学生信息表中没有填写学生的来源地的学生信息：

```
SELECT * FROM 学生信息
WHERE 家庭地址 IS NULL
```

任务4.2.2 对结果集进行排序

使用SELECT语句进行数据查询后，为了方便阅读，可以使用ORDER BY子句对生成的结果集进行排序。

在SELECT语法中ORDER BY后面的排序列名可以是字段名，也可以是表达式，有多个排序列时，需要用逗号隔开。排序列名后面还可以指定排序方式，ASC为升序排序。DESC为降序排序，如果不指定默认为升序。

【例4-33】在查询学生信息表中按年龄升序排列：

```
SELECT * FROM 学生信息
ORDER BY 年龄
```

【例4-34】查询成绩表中成绩大于70的学生信息，按照成绩降序排列：

```
SELECT * FROM 成绩表
WHERE 成绩>70
```

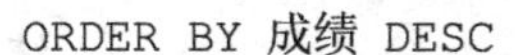

```
ORDER BY 成绩 DESC
```

【例 4-35】查询不及格的学生信息，要求以学号降序排列：

```
SELECT 编号,学号,课程编号,成绩
FROM 成绩表
WHERE 成绩 <60
ORDER BY 学号  DESC
```

任务 4.2.3　常用的 SQL 内置函数

SQL Sever 2005 还提供了大量的系统函数，每个函数实现了一个特定的功能，用户对数据库进行查询、修改、删除操作时可配合这些函数来使用。

T-SQL 提供了几百个内置函数，可分为以下几类：

- 数学函数
- 字符串函数
- 日期时间函数
- 类型转换函数
- 集合函数(在项目 5 中介绍)

1. 数学函数

常用数学函数见表 4.5。

表 4.5　常用数学函数

函　数	功能及说明	函　数	功能及说明
Abs(x)	求 x 的绝对值	Log10(x)	求以 10 为底的常用对数
Acos(x)	求 x 的反余弦值(弧度)	Pi(x)	质数计数函数
Asin(x)	求 x 的反正弦值(弧度)	Power(x,y)	求 x 的 y 次方(x^y)
Atan(x)	求 x 的反正切值	Radians(x)	求 x(角度)对应的弧度值
Atn2(x1，x2)	求介于 x1 和 x2 之间的近似反正切值(弧度)	Rand(x)	返回 0 到 1 之间的随机值
Ceiling(x)	求不小于 x 的最小整数	Round(x1,x2)	求x1 四舍五入为x2 指定的精度后的数字
Cos(x)	求 x(弧度)的余弦值	Sign(x)	求 x 的符号函数
Cot(x)	求 x(弧度)的三角余切值	Sin(x)	求 x(弧度)的正弦值
Degrees(x)	求 x(弧度)对应的角度值	Square(x)	求 x 的平方

续表

函　数	功能及说明	函　数	功能及说明
Exp(x)	求 e^x 的指数函数	Sqrt(x)	求 x 的平方根
Floor(x)	求不大于 x 的最大整数	Tan(x)	求 x(弧度)的正切值
Log(x)	求以 e 为底的自然对数	Mod(x,y)	取模求余，即 x%y

说明：

函数参数 x 可以是数值常量、变量、字段名、数值函数或算术表达式。

x 的数据类型可以是各种数值型或货币型的，有的函数值类型与 x 类型相同，有的需要将 x 转换成 float，其结果也是 float 类型的。

功能说明中得到的值是函数返回值，使用函数后参数 x 的值不变。

2. 字符串函数

常用字符串函数见表 4.6。

表 4.6　常用字符串函数

函　数	功能及说明
ASCII(A)	得到字串 A 第一个字符的 ASCII 码
Char(x)	得到 ASCII 码为整数 x 的字符
Charindex(A,B[,start])	返回字符串 B 在字符串 A 自 start 后的起始位置
Difference(A,B)	以整数返回两个字符表达式的 SOUNDEX 值之差
Left(A,x)	从字串 A 的左边(前端)取 x 个字符的子串
Len(A)	求字串 A 去掉尾部空格后所包含的字符个数(不是字节数)，如果是空串，函数返回 0
Lower(A)	将字串 A 的所有字母变为小写
Ltrim(A[, ‘B’])	将字串 A 左边(前端)字符 B 删掉，默认为删掉空格
Nchar(x)	返回 Unicode 编码 x 对应的字符
Patindex(A,B)	返回模式 A 在字符串 B 中第一次出现的起始位置
Quotename(A,D)	返回字符串 A 加上分隔符 D 的 Unicode 字符串
Replace(A,B[,C])	在字符串 A 中查找字符串 B，并将其替换为字符串 C，省略 C 或为 NULL 则在 A 中删掉 B
Replicate(A,n)	返回重复 n 次 A 的字符表达式
Reverse(A)	返回 A 的反转字符
Right(A,x)	从字串 A 的右边(尾部)取 x 个字符的子串
Rtrim(A[, ‘B’])	将字串 A 右边(尾部)的字符 B 删掉，默认为删掉空格
Soundex(A)	返回由四个字符组成的代码，用于评估两个字符串的相似性
Space(x)	得到有 x 个空格的字符串
Str(x[,len[,d]])	将 x 的数值转换为数字字符串，包括符号和小数点

续表

函　数	功能及说明
Stuff(A,start,len,B)	把 A 中从 start 开始长为 len 的字符串用 B 替换
Substring(A,x[,y])	从字串 A 的 x 字符位置开始取出 y 个字符的子串，省略 y 取到最后，x 取负值从后向前数
Unicode(A)	得到字串 A 第一个字符的 Unicode 码
Upper(A)	将字串 A 的所有字母变为大写
Concat(A,B)	连接字符串 A,B，即 A||B

说明：

函数参数 x 一般是整型的数值常量、变量、数值函数或算术表达式。

参数 A 是字符串常量、变量、字段名、字符串函数或字符串表达式。

A 的数据类型可以是各种字符型、宽字符型或二进制类型的，大部分只能处理 char(n)、varchar(n)、nchar(n)、nvarchar(n)类型或者可以转换成这些类型的数据，只有少部分可以处理 binary(n)、varbinary(n)、image、text、ntext 类型的数据。

功能说明中得到的字符串或子字符串是函数返回值，原字符串 A 的内容不变。

如：len('this is a book')的函数值为 14。

如：substring('欢迎使用 SQL Server 2005',3,4)，从字符串的位置 3(第一个字符位置为 1)开始取 4 个字符，函数返回值为子字符串'使用 SQ'。

3. 日期时间函数

常用日期时间函数见表 4.7。

表 4.7　常用日期时间函数

函　数	功能及说明
Dateadd(yy|mm|dd,x,D)	得到按第一个参数指定的项目 D+x 的新值
Datediff(yy|mm|dd,D1,D2)	得到按第一个参数指定的项目 D2-D1 的差值
Datepart(时间参数，日期)	得到日期中时间参数指定部分的对应整数，如 SECOND 得到秒数
Datename(时间参数，日期)	得到日期中时间参数指定部分的对应字符串
Day(D)	得到 D 的日期数
Getdate()	得到系统的日期和时间
Getutcdate()	返回表示当前 UTC 时间(世界时间坐标或格林尼治标准时间)值
Month(D)	得到 D 的月份数
Year(D)	得到 D 的年份数

说明：

函数参数 x 一般是整型的数值常量、变量、数值函数或算术表达式。

D 是日期时间型的常量、变量、字段名或日期时间函数。

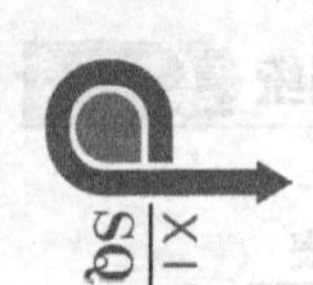

D 的格式应该符合 SET DATEFORMAT 命令设定的格式。

功能说明中得到的值是函数返回值，原日期时间 D 的内容不变。

例如：

getdate()得到当前系统的日期时间为：03 16 2011 4:35PM

year(getdate())得到系统当前日期的年份：2011

year('2011-01-02')函数返回值为(数值或日期型都可以)：2011

dateadd(dd,20,'2011-3-16')表示指定日期加 20 天：04 5 2011 12:00AM

datediff(yy,'1985-3-16',getdate())表示当前日期减指定日期的年数差：21

利用 datediff()函数，我们可以根据日期求当前的年龄。

4. 类型转换函数

在对不同类型的数据进行运算时，必须转换成相同的类型才可以进行，对于大多数值类型系统可以进行自动类型转换，其他类型的相互转换则需要用 Cast()或 Convert()函数进行强制类型转换。类型转换函数见表 4.8。

表 4.8 类型转换函数

函 数	功能及说明
Cast(表达式 as 数据类型[(长度)])	将表达式的值转换成指定的“数据类型”
Convert(数据类型[(长度)],表达式[,style])	按 style 格式将表达式的值转换成指定的“数据类型”

说明：

函数中的表达式可以是任何有效的 SQL Server 表达式，所指定的数据类型必须是系统的基本数据类型而不能是用户自定义的类型。

(长度)用于需要指定长度的数据类型，不需要指定长度的类型可以省略。

Cast()函数只适用于转换后不需要指定格式的数据类型，如整数、普通字符串。

Convert()函数可适合于任何类型，其中 style 可设置转换后的格式：

- 将 datetime 或 smalldatetime 型日期时间转换为字符串的日期格式。
- 将 Real 或 float(p)型浮点数转换为字符串的小数或指数格式。
- 将 Smallmoney 或 money 货币型转换为字符串的货币格式。

style 参数见表 4.9，对于不需要指定格式的类型 style 可以省略。

表 4.9 Convert()函数类型转换的格式参数

style 参数的有效值		转换后返回字符串的格式
8 (2 位年份)	108(4 位年份)	只转换为时间：hh:mm:ss
11(2 位年份)	111(4 位年份)	只转换为日期：[yy]yy/mm/dd
	120(4 位年份)	yyyy-mm-dd hh:mm:ss
0 (Real 或 float 型浮点数)		默认值：最多 6 位数，必要时使用科学计数法

续表

style参数的有效值	转换后返回字符串的格式
1 (Real或float型浮点数)	最大为8位数，使用科学计数法表示
2 (Real或float型浮点数)	最大为16位数，使用科学计数法表示
0(货币型，默认值)	小数点左侧数字不以逗号分隔，右侧取两位小数
1(货币型，转换为字符型)	小数点左侧数字每三位逗号分隔，右侧取两位小数
2(货币型，转换为字符型)	小数点左侧数字不以逗号分隔，右侧取四位小数

函数经常与SELECT、UPTATE、DELETE语句配合使用，对数据表中的数据进行操作。

项 目 总 结

SQL(Structure Query Language)，是对数据库操作的结构化查询语言，T-SQL是SQL语言的增强版，在SQL基础上又增加了变量、控制语句、预存储程序和内置函数。

一次插入多行数据，可以使用INSERT…SELECT…，SELECT…INSERT…和UNION联合来实现。

使用DELETE语句可以删除数据，一般都需要增加WHERE子句限定条件。

使用UPDATE语句可以更新数据，但应注意以下问题：

- 主键列数据可以被更新，但应保证更新后的主键列数据不能出现重复信息。
- 可以更新表中外键列数据，但应保证新的数据在主键表中事先存在。

Truncate Table只删除表中的数据行，不会删除表结构及各种约束。

在现有的表进行逐行过滤，找到符合条件的数据行，将其提取出来，然后组成一个类似于标的结构体称为“记录集”。

使用SELECT语句可以实现查询功能。

在SELECT语句中as用于转别名，可使查询来的数据更加易懂。

SQL中提供了很多内置函数，有字符串函数、日期函数、转换函数等。

练 习 4

1. 选择题

(1) 在Student表中有一列E-mail，执行删除语句：DELETE FROM Student WHERE E-mail LIKE‘w[au]-k%’，下面包含E-mail列的(　　)(选择两项)值数据可能被删除。

A. Wkus@163.com　　B. WuukYi@163.com

C. uakk@163.com　　D. wackQian@163.com

(2) 下面关于通配符说明的描述中不正确的是(　　)(选择两项)。

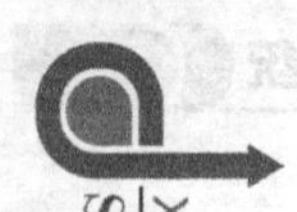

A. 通配符%与任何个数的字符匹配，但在字符串中，它只能当作最后一个字符使用

B. 通配符#与任何单个数字及字母字符匹配

C. 通配符[]与方括号内的任何单个字符匹配

D. 通配符^与任何不在方括号内的任何单个字符匹配

E. 通配符_与某个范围内的任何一个字符匹配

(3) 下面(　　)属于数据操纵语言 DML(选择两项)。

A. UPTATE　　　　　　　　B. INSERT

C. Grant　　　　　　　　　D. Commit

(4) SQL Server 2005 数据库中，使用 UPDATE 语句更新数据库表中的数据，以下说法正确的是(　　)(选择一项)。

A. 每次只能更新一行数据

B. 每次可以更新多行数据

C. 如果没有数据项被更新，将提示错误信息

D. 更新数据时，必须带有 WHERE 条件子句

(5) 假设表 Table1 中有 A 列为主键，并且为标识列，同时还有 B 列和 C 列，所有数据类型都是整型，目前还没有数据，则执行插入数据的 T-SQL 语句：

INSERT INTO Table1(A,B,C) VALUES(1,2,3)的运行结果将是(　　)。

A. 插入数据成功，A 列的数据为 1

B. 插入数据成功，A 列的数据为 2

C. 插入数据成功，B 列的数据为 3

D. 插入数据失败

(6) 将设表 Table1 中包含主键列 A，执行下面的更新语句：

UPDATE Table1 SET A=17 WHERE A=20，执行结果可能是(　　)。

A. 更新了多行数据

B. T-SQL 语法出错

C. 错误，因为主键列不能被更新

D. 最多更新一行数据。

(7) 在 Customers 表中有 City 字段，代表客户居住城市，现在有很多会员没有填写，下面哪个查询语句能将没有填写居住地址的会员信息查询出来？(　　)

A. SELECT*FROM Customers WHERE City=NULL

B. SELECT*FROM Customers WHERE City<>NULL AND City=''

C. SELECT*FROM Customers WHERE City<> '' AND City IS NULL

D. SELECT*FROM Customers WHERE City IS NULL OR CITY =''

(8) 在客户表中查询不是以“公司”结尾的客户的记录，正确的 SQL 语句是(　　)。

A. SELECT*FROM 客户 WHERE 公司名称 NOT LIKE ‘公司’

B. SELECT*FROM 客户 WHERE 公司名称 LIKE '公司'

C. SELECT*FROM 客户 WHERE 公司名称 NOT IN '%公司'

D. SELECT*FROM 客户 WHERE 公司名称 NOT LIKE '%公司'

(9) 使用以下(　　)不可以进行模糊查询。(选择一项)

A. OR　　　　B. NOT BETWEEN

C. NOT IN　　　　D. LIKE

2. 简答题

(1) Truncate Table 与 DELETE 语句的区别是什么?

(2) 能使用 UPTATE 语句更新主键(主键不是标识列)列值吗? 为什么?

(3) 什么是模糊查询?

实　训　4

第一部分　上机任务

编写 SQL 语句，完成对学生信息管理系统数据库的增加、修改、查询和删除的操作。

训练技能点:

(1) 掌握 T-SQL 运算符和表达式的使用。

(2) 掌握使用 T-SQL 语句实现增、删、改操作。

(3) 掌握 SELECT 基本语句的使用。

(4) 掌握常用的 SQL 内置函数的使用。

第二部分　任务实现

任务 1　新增课程信息

掌握要点:

以 INSERT 语句向数据库中插入数据。

任务说明:

学院教务网站，每学期都会有新课程添加，请根据表 4.10 提供的课程信息，使用 T-SQL 语句将数据插入到课程信息表中。

表 4.10　向课程信息表中插入的数据

课程编号	课程名称	本学期课程	学　分
100	C 语言	Y	6
110	SQL Server 数据库	Y	4

实现思路：

(1) 启动 SQL Server Managerment Studio，选择学生信息管理系统数据库，然后新建查询窗口。

(2) 在查询窗口中录入 SQL 代码。

(3) 先检查语句，然后再执行。

实现步骤：

(1) 启动 SQL Server Managerment Studio。

(2) 录入 INSERT 语句。

(3) SQL 语句完成后，首先进行语法查询，单击“√”语句检查通过后，再单击“! 执行(X)”按钮来执行 SQL 语句。执行完成后，打开表查看数据是否正确插入。

(4) 按照上述步骤，逐一将课程信息插入到课程信息表中。

提示：(1) 字符串类型数据应该使用引号包围起来。

(2) 在 SQL 语句中逗号、单引号应该是用英文半角的。

任务 2　模拟学生在网上选课

掌握要点：

(1) 掌握 INSERT 语句向数据库中插入数据。

(2) 掌握 UPDATE 语句更新数据中数据内容。

任务说明：

新的学期开始，学生开始在本学期选课表中选修课程，学生徐伟登录学院网站后，选修了《C 语言》，《SQL Server 数据库》请使用 SQL 语句实现该业务，要求把选好的课程添加到成绩表中，并及时修改本学期选课表中选修本课程的人数。

实现思路：

(1) 首先向成绩表中插入一个学生选课记录。

(2) 选课成功后，应及时增加本学期选课表中选修该课程的人数。

实现步骤：

(1) 向成绩表中插入学生选课记录，代码如下：

```
INSERT 成绩表(学号,课程编号)
VALUES('200030000041',100)

INSERT 成绩表(学号,课程编号)
VALUES('200030000041',110)
```

(2) 增加本学期选课表中选修本课程人数，代码如下：

```
UPDATE 本学期选课表
  SET 选课人数=选课人数+1 WHERE 课程编号=100
```

```
UPDATE 本学期选课表
  SET 选课人数=选课人数+1 WHERE 课程编号=110
```

任务3　模拟网上选课修改业务

掌握要点：

掌握使用 DELETE 语句删除数据内容。

任务说明：

学生徐伟发现选错了课程，本应该选修《计算机在会计中的应用》，她误选了《C 语言》,请编写 SQL 语句调整她的选课信息。

实现思路：

(1) 首先应删除成绩表中的《C 语言》记录。

(2) 将本学期选课表中《C 语言》选课人数减 1。

(3) 向成绩表中插入《计算机在会计中的应用》记录。

(4) 将本学期选课表中《计算机在会计中的应用》选课人数加 1。

实现步骤：

按上面的实现思路，参考代码如下：

```
DELETE  FROM 成绩表
WHERE 学号='200030000041'  AND 课程编号=100

UPDATE 本学期选课表
  SET 选课人数=选课人数-1 WHERE 课程编号=100

INSERT 成绩表（学号,课程编号）
VALUES（'200030000041',18）

UPDATE 本学期选课表
  SET 选课人数=选课人数+1 WHERE 课程编号=18
```

任务4　在成绩表查找选修了课程编号为 1 的学生成绩

掌握要点：

掌握 SELECT 语句的简单使用。

任务说明：

在成绩表查找选修了课程编号为 1 的学生成绩，显示选修该课程的学生学号、成绩。

实现思路：

(1) 启动 SQL Server Managerment Studio，选择学生信息管理系统数据库，然后新建查询窗口。

(2) 在查询窗口中录入 SELECT 语句。

(3) 先检查语法，然后再执行。

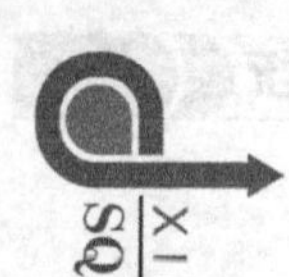

实现步骤:

(1) 启动 SQL Server Management Studio。

(2) 录入 SELECT 语句，代码如下:

```
SELECT 学号,成绩 FROM 成绩表
WHERE 课程编号=1
```

(3) SQL 语句录入完成后，首先进行语法查询，单击“√”语法检查通过后，再单击“！执行(X)”按钮来执行 SQL 语句。执行完成后，将显示查询结果。

第三部分 作业

作业 学生信息管理系统中数据的操作

(1) 向学生信息表中添加一条记录:

'2011000012','宋佳','女',21,'山东'

(2) 修改成绩表，让选修了课程编号为 1 的成绩都增加 10。

(3) 删除成绩表中选修了课程编号为 100 的所有记录。

(4) 查询学生信息表中学生的学号、姓名、性别。

(5) 查询学生信息表中的前 10 条记录。

(6) 查询学生信息表中前 20%的同学。

(7) 查询学生信息表中的男同学。

(8) 查询学生信息表中的前 10 个女同学。

(9) 查询学生信息表中家庭地址是“湖南”的同学。

(10) 查询学生信息表中姓李的学生情况。

(11) 查找成绩表中成绩大于 80 分的学生情况。

(12) 查找成绩表中成绩在 80 到 100 分之间的学生成绩。

(13) 为成绩表中成绩大于 80 分的学生按照成绩进行降序排列。

(14) 为成绩表中成绩大于 80 分的男学生按照成绩进行降序排列。

(15) 查询家庭地址是“北京”、“上海”、“湖南”、“湖北”的学生。

项目 5　分组统计与多表关联查询

学习任务：

- 介绍聚合函数的使用。
- 使用 Group By 进行分组统计。
- 多表连接查询。
- 子查询的简单用法。

技能目标：

- 使用 T-SQL 语句对学生信息表和成绩表进行汇总统计。
- 对学生信息管理系统数据库进行联合查询。
- 对学生信息管理系统进行简单子查询。

课前预习：

- 什么是分组统计？
- 多表连接查询分为几种，为什么要使用多表连接查询？

项目描述：

在实际的查询中，用户所需要的数据并不全都在一个表中，而可能在多个表中，这时候就要使用多表关联查询。多表查询是将多个表中的数据进行关联组合，再从中获取所需要的信息。例如，从成绩表中可以查询出“学号、课程编号、成绩” 等，而学生信息和课程信息是以编号形式显示的，因为学生姓名存储在学生信息表中，课程名称存储在课程信息表中，为了更好地显示学生姓名、课程名称、成绩等字段，使用户查看信息时更加直观，像这样需要从多个表选择不同信息的情况，就需要使用多表关联查询。

项目目标：

通过使用“学生信息管理系统”数据库，掌握数据的分类汇总；掌握数据库多表连接，能同时查询多个表中的数据，实现灵活使用数据库中的数据。

项目 5.1　对学生信息管理系统数据库进行分类汇总统计

使用 SELECT 语句对数据表进行查询时，还经常要对数据进行汇总，或查询出最大值、

最小值、平均值等。例如超市管理系统中，月底需要打印销售报表，报表中要汇总出所有商品的总销售额，那么在程序中是怎样计算出来的呢？其实程序中是调用了数据库中的聚合函数，数据库系统会自动为我们计算出来。下面就来看看 T-SQL 提供了哪些常用的聚合函数。

任务 5.1.1　常用的聚合函数

1. SUM 函数

SUM 函数用于对表达式中的所有数值进行汇总求和，返回数值类型的数据。下面以学生成绩表(见图 5.1)为例，计算所有学生的成绩之和。

LENOVO-77C... - dbo.成绩表　LENOVO-77C0...LQuery1.sql*　摘要

编号	学号	课程编号	成绩
1003	200030000041	222	80
1004	200030000041	12	85
1005	200030000042	222	86
1006	200030000042	12	75
1007	200030000043	222	60
1008	200030000043	12	55
1009	200030000044	222	75
1010	200030000044	12	80
1011	200130000130	64	67
1012	200130000130	88	51
1013	200130000130	50	55
1031	200130000130	60	90
1032	200030000041	100	50
1033	200030000041	110	96

图 5.1　成绩表

【例 5-1】统计所有学生成绩的总和，代码如下(见图 5.2)：

```
SELECT  SUM(成绩) as 总成绩  FROM 成绩表
```

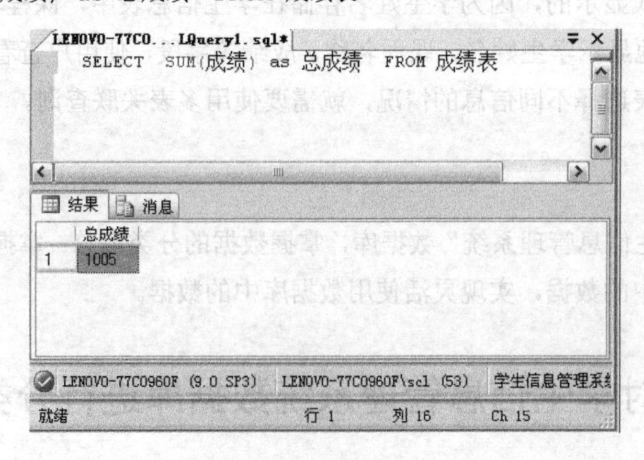

图 5.2　汇总结果

2. AVG

AVG 函数返回数值列的平均值。其中数据列中 NULL 值不包括在计算中。例如在图 5.1 的基础上，计算学生的平均分。

【例 5-2】统计学生成绩的平均分，代码如下(见图 5.3)：

```
SELECT  AVG(成绩) as 平均成绩  FROM 成绩表
```

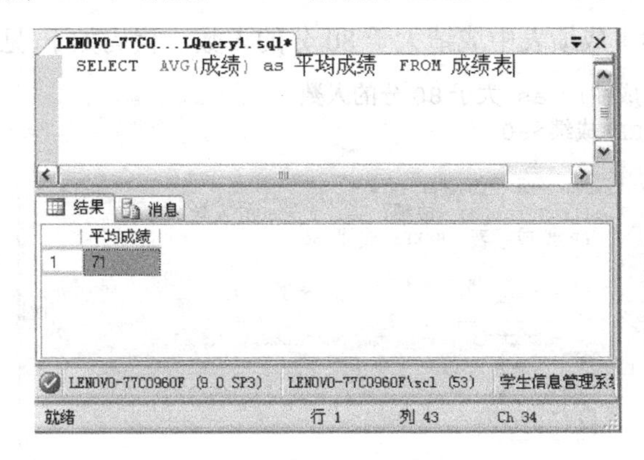

图 5.3　计算平均值

3. MAX 和 MIN

MAX 函数用于返回一列中的最大值，其中数据列中的 NULL 值不包括在计算中。例如得到成绩表中的最高分、最低分。

【例 5-3】查询学生成绩表中学生的最高分和最低分，代码如下(见图 5.4)：

```
SELECT  MAX(成绩) as 最高成绩,
MIN(成绩) as 最低成绩
FROM 成绩表
```

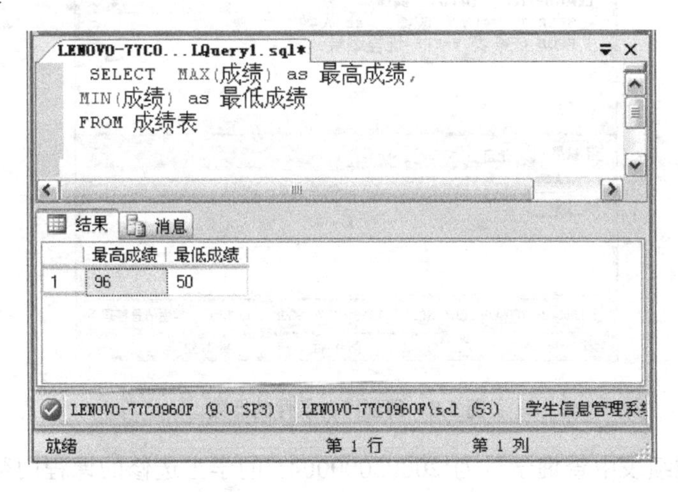

图 5.4　计算最高分、最低分

4. COUNT

COUNT(表达式)返回结果集的非空行数。

其中“表达式”可以是“*”，“列名”。

COUNT(*)：返回表中所有数据行的记录数。

COUNT(列名)：返回指定列非空值个数。

【例 5-4】查询学生成绩表中成绩大于 80 分的人数，代码如下(见图 5.5)：

```
SELECT  COUNT (成绩)  as 大于80分的人数
FROM 成绩表  WHERE 成绩>80
```

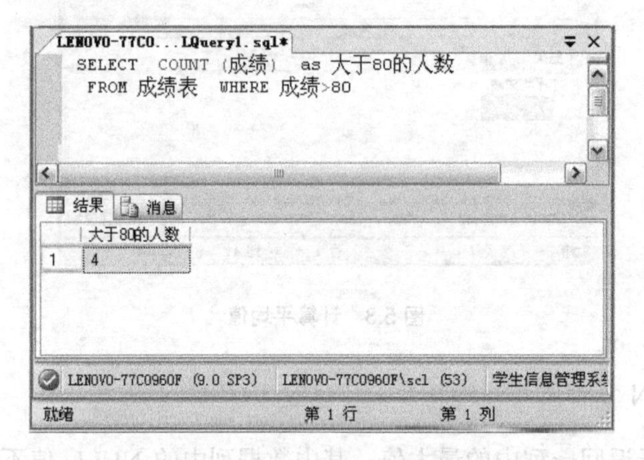

图 5.5　得到符合条件的行数

【例 5-5】查询学生成绩表中选修了课程编号为 12 的人数，代码如下(见图 5.6)：

```
SELECT  COUNT (成绩)  as 人数
FROM 成绩表 WHERE 课程编号=12
```

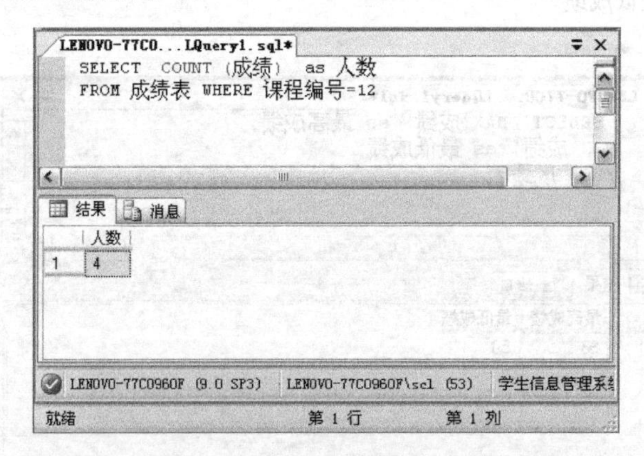

图 5.6　得到符合条件的行数

【例 5-6】成绩表中查询学号为‘200030000041’的学生选修的课程门数，代码如下(见图 5.7)：

```
SELECT  COUNT (课程编号)  as 选修门数
```

```
FROM 成绩表 WHERE  学号='200030000041'
```

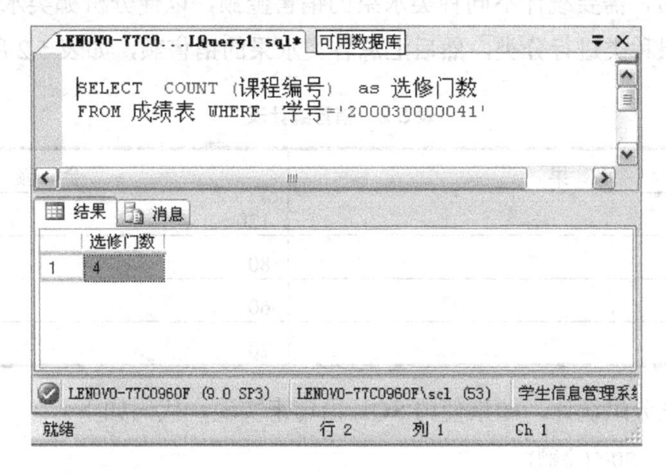

图 5.7 得到符合条件的行数

任务 5.1.2 分组统计

所谓分组统计，就是将数据分为多个逻辑组，从而实现对每个组进行聚合运算。SQL Server 中的分组统计需要使用 GROUP BY 子句。

语法如下：

```
SELECT 字段列表[聚合函数]
FROM 表
[WHERE 条件]
GROUP BY<字段列表>
```

其中<字段列表>可以有多个字段，各字段用逗号隔开，表示按多列进行分组。

举个例子，一家水果店销售苹果、香蕉、橙子、水蜜桃，如表 5.1 所示为一些销售记录。

表 5.1 水果销售记录表

顾 客	水 果	千 克	金 额
顾客 1	苹果	6	30
顾客 2	苹果	10	50
顾客 3	苹果	5	40
顾客 2	橙子	2	20
顾客 5	橙子	4	60
顾客 1	香蕉	2	20
顾客 4	香蕉	8	40
顾客 2	水蜜桃	5	70

一天销售完后，需要统计不同种类水果的销售金额，以便分析哪类水果最畅销。这时候就需要按照水果种类进行分类，然后汇总各类水果的销售额，如表5.2所示。

表5.2 销售统计表

水 果	金 额
苹果	120
橙子	80
香蕉	60
水蜜桃	70

上述过程就是分组统计，如果使用SQL语句来实现，代码如下：

```
SELECT  水果, SUM(金额)
FROM 水果销售记录表 GROUP BY 水果
```

上述代码的含义是“从水果销售记录表中取出水果列信息，然后按照水果列进行分组，分组后使用SUM函数汇总各组的销售额”。

从表5.2可以看出，按照“水果”列分组，其实是把“水果”列中的数据划分成了几个不重复的逻辑组，每个逻辑组代表与它相同的一批数据，最后按逻辑组进行汇总。

在例5-6中我们统计了‘200030000041’学生选修的课程门数，如果现在要统计每个学生选修课程的门数，代码如何写呢？要显示每个学生选修课程的门数，经分析最终的结果集中应该有这样两列信息：学号、选修课程门数，这个问题与上面的例子是一样的，首先应该对学号列进行分组，然后计算不同分组的行数，很明显是个分组统计的问题。

【例5-7】分组统计每个学生选修的课程门数，代码如下(见图5.8)：

```
SELECT  学号,  COUNT (*)  as 选修门数
FROM 成绩表 GROUP BY 学号
```

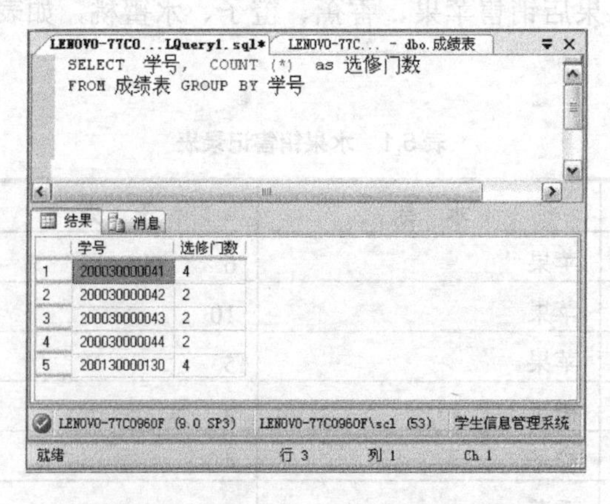

图5.8 统计每个学生选修课程的门数

【例5-8】在学生信息表中按“家庭地址”列分组统计不同地方的学生人数，代码如下(见图5.9)：

```
SELECT  家庭地址, COUNT (*)  as 人数
FROM 学生信息  GROUP BY 家庭地址
```

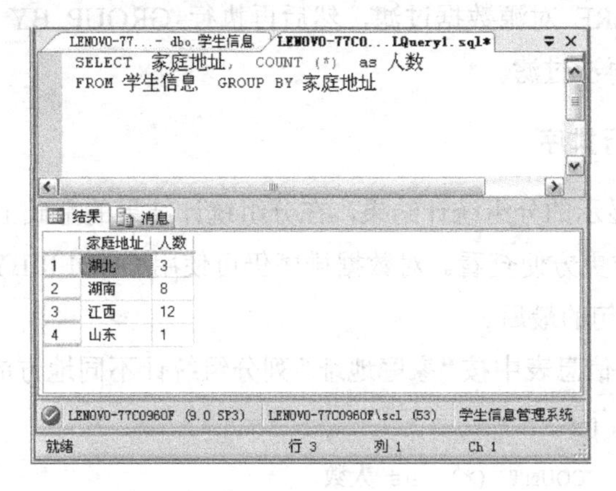

图 5.9 按“家庭地址”列分组统计不同地方的学生人数

1. 使用 HAVING 子句对分组再次过滤

继续考虑例 5-8 的查询，如果要“统计不同城市，并且只显示人数大于 5 个的记录信息”，如何处理呢？这就涉及分组统计后再对结果集进行条件过滤，需要使用 HAVING 子句，HAVING 能够使用的语法与 WHERE 几乎是一样的，他们的不同点是 WHERE 子句只能对没有分组统计前的数据进行筛选，对分组后的数据做筛选必须使用 HAVING，并且只能与 GROUP BY 子句配合使用。

【例 5-9】在学生信息表中按“家庭地址”列分组统计不同地方的学生的人数，并返回人数多于 5 的记录信息，代码如下：

```
SELECT  家庭地址,  COUNT (*)  as 人数
FROM 学生信息
GROUP BY 家庭地址
HAVING  COUNT (*)>5
```

统计结果如图 5.10 所示。

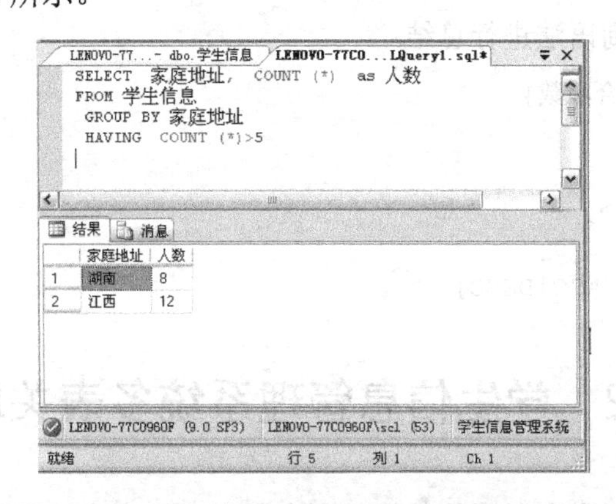

图 5.10 使用 HAVING 再次过滤

如果一个 SQL 语句中除了有 WHERE 子句又有 HAVING 子句，它们的执行顺序是怎样的呢？先执行 WHERE 对源数据过滤，然后再执行 GROUP BY 进行分组，最后执行 HAVING 对分组结果再次过滤。

2. 对分组结果进行排序

对于如图 5.9 所显示的分组统计结果，在分组统计结果的基础上能不能按照“家庭地址”进行排序呢，这样更方便查看。对数据排序仍可使用 ORDER BY 子句，注意 ORDER BY 子句要放在查询语句的最后。

【例 5-10】在学生信息表中按“家庭地址”列分组统计不同地方的学生的人数并按“人数”降序排列，代码如下：

```
SELECT  家庭地址,  COUNT (*)  as 人数
FROM 学生信息
GROUP BY 家庭地址
ORDER BY 人数 DESC
```

统计结果如图 5.11 所示。

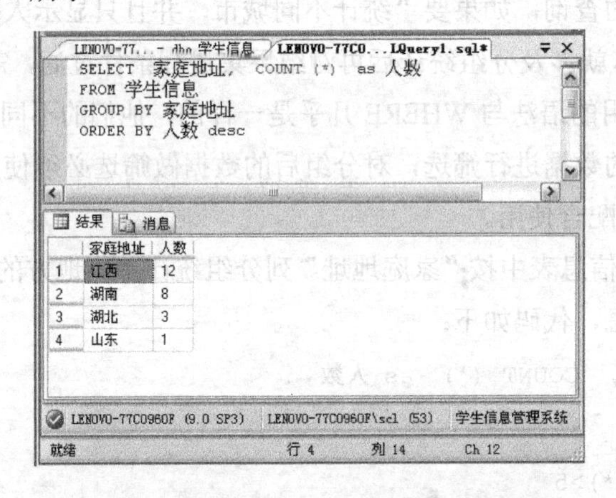

图 5.11　以 ORDER BY 对分组结果进行排序

下面对整个基本查询语法进行总结：

```
SELECT 字段列表[聚合函数]
FROM 表
[WHERE 条件]
[GROUP BY<字段列表>]
[HAVING 条件]
[ORDER BY 字段列表 ASC|DESC]
```

项目 5.2　学生信息管理系统多表关联查询

在实际的查询中，用户所需要的数据并不全都在一个表中，而可能在多个表中，这时

候就要使用多表关联查询。多表关联查询可以分为内连接、外连接和交叉连接等。下面介绍这几种类型的查询。

任务 5.2.1　内连接

内连接是最常用的一种数据连接查询方式，它使用比较运算符对各表中共同的列进行匹配，最终查询出各表匹配的数据行，特别是两个表存在主外键关系时，通常会使用内连接查询。内连接查询需要使用 INNER JOIN 关键字进行各表间的关联。

语法如下：

```
SELECT <列名>
FROM 表1 INNER JOIN 表2
ON 表1.列名 条件运算符 表2.列名
[WHERE 条件]
[ORDER BY 排序列]
```

在“ON 表1.列名 条件运算符 表2.列名”中，条件运算符常用的是=、<>。

“表1.列名”和“表2.列名”分别是两个表的共同列。

例如下面查询示例，就是通过 INNER JOIN…ON 从两个表中获取信息的。

【例 5-11】在成绩表和课程信息表中查询学生选修课程的“学号”、“课程名称”和“成绩”，代码如下：

```
SELECT  a.学号, b.课程名称, a.成绩
FROM  成绩表 as  a  inner join  课程信息 as  b
ON  a. 课程编号=b.课程编号
```

课程信息表中的数据如图 5.12 所示，成绩表中的数据如图 5.13 所示，查询结果如图 5.14 所示。

LENOVO-77CO...LQuery1.sql*　LENOVO-77...- dbo.课程信息

课程编号	课程名称	本学期课程	学分
1	政治经济学(A) ...	Y	2
2	经济数学基础 ...	Y	3
3	基础会计学 ...	Y	2
4	统计学原理(B) ...	N	3
5	财务会计 ...	Y	4
6	西方经济学 ...	Y	2
7	成本会计 ...	Y	3
8	国家税收 ...	N	2
9	管理会计 ...	Y	3
10	审计学原理 ...	Y	4
11	财务管理 ...	Y	2
12	英语(1) ...	N	3
13	英语(2) ...	Y	2
14	英语(3) ...	Y	3

图 5.12　课程信息表中的数据

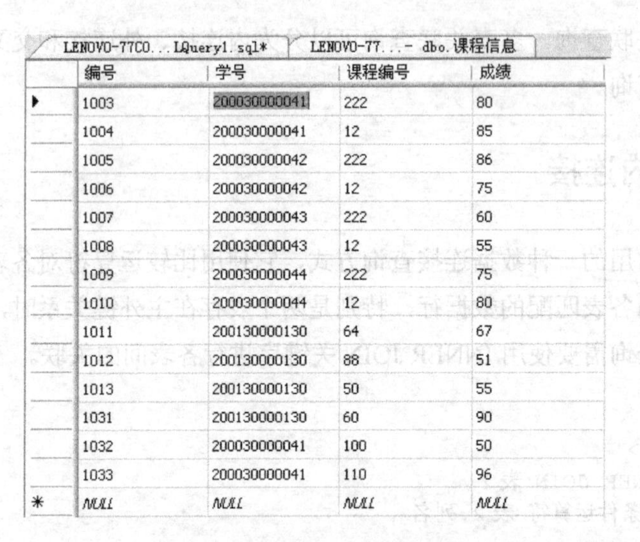

	编号	学号	课程编号	成绩
▶	1003	200030000041	222	80
	1004	200030000041	12	85
	1005	200030000042	222	86
	1006	200030000042	12	75
	1007	200030000043	222	60
	1008	200030000043	12	55
	1009	200030000044	222	75
	1010	200030000044	12	80
	1011	200130000130	64	67
	1012	200130000130	88	51
	1013	200130000130	50	55
	1031	200130000130	60	90
	1032	200030000041	100	50
	1033	200030000041	110	96
*	NULL	NULL	NULL	NULL

图 5.13　成绩表中的数据

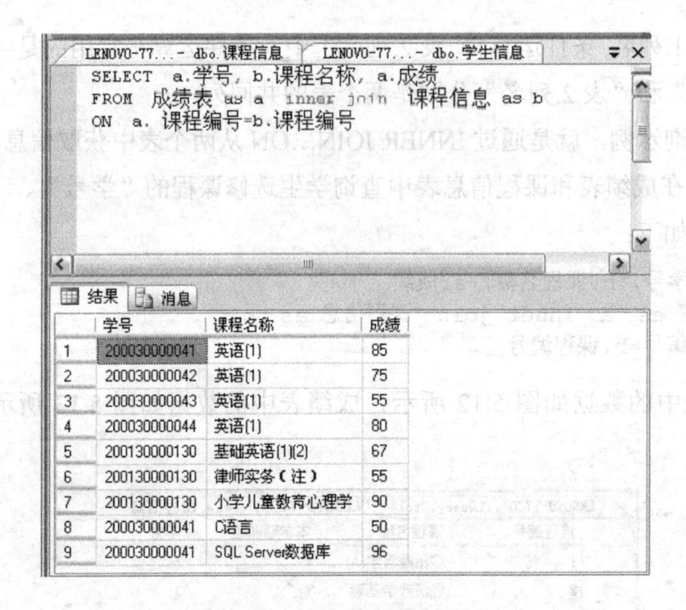

```
SELECT  a.学号, b.课程名称, a.成绩
FROM  成绩表 as a inner join 课程信息 as b
ON  a.课程编号=b.课程编号
```

	学号	课程名称	成绩
1	200030000041	英语(1)	85
2	200030000042	英语(1)	75
3	200030000043	英语(1)	55
4	200030000044	英语(1)	80
5	200130000130	基础英语(1)(2)	67
6	200130000130	律师实务（注）	55
7	200130000130	小学儿童教育心理学	90
8	200030000041	C语言	50
9	200030000041	SQL Server数据库	96

图 5.14　内连接查询结果

在上面的内连接查询代码中，as 除了可以指定列的别名，还可以指定表的别名，目的是使查询语句更加简练，提高可读性。

上面的代码是从成绩表和课程信息表这两个表中，分别取列信息，然后按照两个表的公共列课程编号进行等值匹配，匹配过程是将成绩表中每一行的课程编号值与课程信息表中所有行的课程编号列值进行一一匹配，匹配结果就是课程编号相等的行，最后将 SELECT 所指定的列信息取出来，就是最终的图 5.14 所示的查询结果。

【例 5-12】查询学生选修“英语(1)”课程的成绩，要求返回“学号”、“课程名称”、“成绩”这三个字段，代码如下：

```
SELECT  a.学号, b.课程名称, a.成绩
FROM  成绩表 as  a  inner join  课程信息 as  b
ON  a. 课程编号=b.课程编号  WHERE  b.课程名称=' 英语(1)'
```

显示结果如图5.15所示。

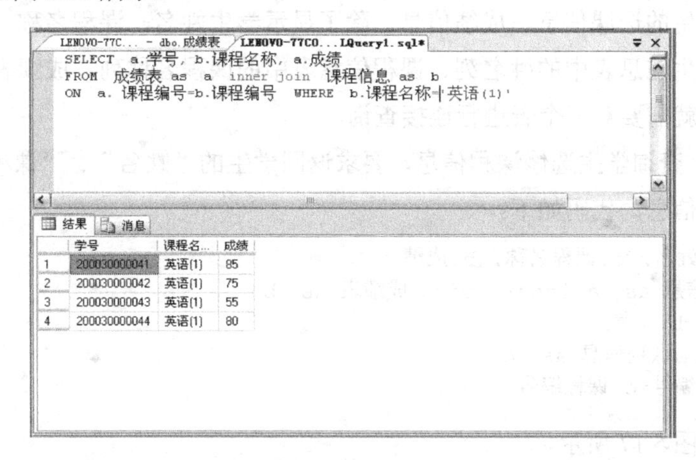

图5.15　带条件的内连接查询结果

【例5-13】查询学生选修“英语(1)”课程的成绩，返回结果要求按成绩降序排列，代码如下：

```
SELECT  a.学号, b.课程名称, a.成绩
FROM  成绩表 as  a  inner join  课程信息 as  b
ON  a. 课程编号=b.课程编号
WHERE  b.课程名称=' 英语(1)'
ORDER BY 成绩 DESC
```

显示结果如图5.16所示。

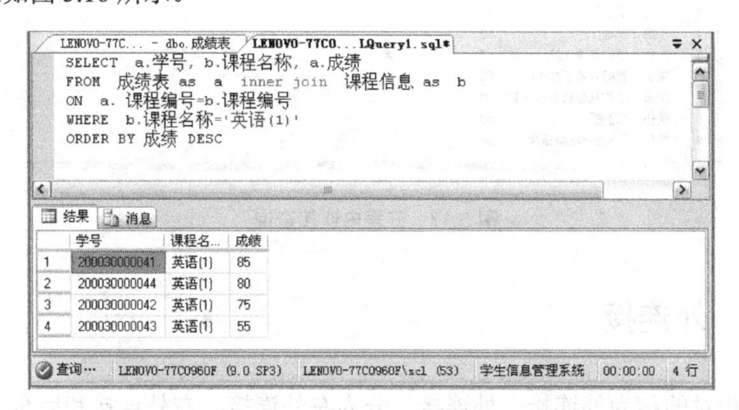

图5.16　带ORDER BY子句的内连接查询结果

除了两个表的内连接查询外，还可以进行多表内连接查询，多表连接查询语法为：

```
SELECT<别名>
FROM(表1 INNER JOIN 表2
ON 表1.别名 条件运算符 表2.别名)
INNER JOIN 表3
```

```
ON 表2.别名 条件运算符 表3.别名
…
[WHERE 条件]
[ORDER BY 排序列]
```

假设查询学生的选课信息、成绩信息，除了显示学生姓名、课程名称，还要求显示成绩，这就需要学生信息表中的姓名列、课程信息表中的课程名称列、成绩表中的成绩列，怎样实现呢？这就需要对三个表进行连接查询。

【例 5-14】 查询学生选修课程信息，要求返回学生的“姓名”、“课程名称”、“成绩”三列数据的信息，代码如下：

```
SELECT  a.姓名, c.课程名称, b.成绩
FROM  学生信息 as  a inner join  成绩表 as  b
ON  a. 学号=b.学号
inner join  课程信息 as  c
ON  b. 课程编号=c.课程编号
```

执行结果如图 5.17 所示。

LENOVO-77C... - dbo.成绩表　LENOVO 77CO...IQuery1.sql*

```
SELECT  a.姓名, c.课程名称, b.成绩
FROM  学生信息 as  a inner join  成绩表 as  b
ON  a. 学号=b.学号
inner join  课程信息 as  c
ON  b. 课程编号=c.课程编号
```

结果　消息

	姓名	课程名称	成绩
1	徐伟	英语(1)	85
2	杨磊	英语(1)	75
3	殷宏	英语(1)	55
4	于莉	英语(1)	80
5	朱志	基础英语(1)(2)	67
6	朱志	律师实务（注）	55
7	朱志	小学儿童教育心理学	90
8	徐伟	C语言	50
9	徐伟	SQL Server数据库	96

图 5.17　三表内连接查询

任务 5.2.2　外连接

与内连接相对的称为外连接，外连接又分为左外连接、右外连接和完全连接。外连接中参与连接的表有主从之分，以主表的每行数据去匹配从表的数据列，符合连接条件的数据将直接返回到结果集中，对于在主表中存在而从表中不存在的数据，将以 NULL 值代替并返回到结果集中。理解外连接最重要的一点，就是必须分清哪个是主表，哪个是从表。

1. 左外连接

左外连接返回左表(表名 1)的全部记录及右表相关的信息。

左外连接取左表的全部记录按指定条件与右表中满足条件的记录进行连接，若右表中没有满足条件的记录则在相应字段填入 NULL(Bit 位类型字段填 0)。但条件不限制左表，左表的全部记录都包括在结果集中，以保持左表的完整性。

语法如下：

```
SELECT<列名>
FROM 左表 LEFT [OUTER] JOIN 右表
ON 左表.列名 条件运算符 右表.列名
[WHERE 条件]
[ORDER BY 排序列]
```

左外连接是以左表为主表，去关联右表(从表)，结果集中除了匹配数据行外，还包含左表数据在右表中不存在的数据行，而这些数据行以 NULL 值代替。

【例 5-15】在学生信息表中查询学生选课程的情况，代码如下：

```
SELECT  a.*, b.*
FROM  学生信息 as  a  left  join  成绩表 as  b
ON  a. 学号=b.学号
```

执行结果如图 5.18 所示。

LENOVO-77C... - dbo.成绩表 | LENOVO-77CO...LQuery1.sql* | LENOVO-77...- dbo.课程信息

```
SELECT  a.*, b.*
FROM  学生信息 as  a  left  join  成绩表 as  b
ON  a. 学号=b.学号
```

结果 | 消息

	学号	姓名	性...	年...	政治面...	民...	家庭地...	编号	学号	课程编...	成绩
1	200030000041	徐伟	男	18	党员	汉	湖南	1003	200030000041	222	80
2	200030000041	徐伟	男	18	党员	汉	湖南	1004	200030000041	12	85
3	200030000041	徐伟	男	18	党员	汉	湖南	1032	200030000041	100	50
4	200030000041	徐伟	男	18	党员	汉	湖南	1033	200030000041	110	96
5	200030000042	杨磊	男	19	党员	汉	湖南	1005	200030000042	222	86
6	200030000042	杨磊	男	19	党员	汉	湖南	1006	200030000042	12	75
7	200030000043	殷宏	女	19	党员	汉	湖南	1007	200030000043	222	60
8	200030000043	殷宏	女	19	党员	汉	湖南	1008	200030000043	12	55
9	200030000044	于莉	女	20	群众	汉	湖南	1009	200030000044	222	75
10	200030000044	于莉	女	20	群众	汉	湖南	1010	200030000044	12	80
11	200130000116	薛红	女	21	党员	汉	湖南	NU...	NULL	NULL	N...
12	200130000117	赵...	男	19	群众	汉	湖南	NU...	NULL	NULL	N...
13	200130000118	于翔	女	20	群众	汉	湖南	NU...	NULL	NULL	N...
14	200130000120	张斌	男	20	群众	汉	湖南	NU...	NULL	NULL	N...
15	200130000121	张宏	女	21	党员	汉	湖北	NU...	NULL	NULL	N...
16	200130000122	张...	男	21	群众	汉	湖北	NU...	NULL	NULL	N...

图 5.18 左外连接查询结果

左外连接匹配过程为：将学生信息表中每一行的学号值与成绩表中的所有行的学号列值一一匹配，匹配结果除了两个表学号值相等的行，还包含左表中数据存在右表中没有匹配的行，而这些行的右表选择列为 NULL 值。

2. 右外连接

语法如下：

```
SELECT<别名>
FROM 左表 RIGHT [OUTER] JOIN 右表
ON 左表.列名 条件运算符 右表.列名
[WHERE 条件]
[ORDER BY 排序列]
```

右外连接是以右表为主表，去关联左表(从表)，结果集中包含主表所有数据行，如果主表的某行在从表中没有匹配行时，则该行的从表选择列为NULL值。

【例5-16】把例5-15在学生信息表中查询学生选课程的情况改右连接，代码如下：

```
SELECT  a.*, b.*
FROM  学生信息 as  a  right  join  成绩表 as  b
ON  a. 学号=b.学号
```

查询结果如图5.19所示。

LENOVO-77C... - dbo.成绩表 | LENOVO-77CO...LQuery1.sql* | LENOVO-77...- dbo.课程信息

```
SELECT  a.*, b.*
FROM  学生信息 as  a  right  join  成绩表 as  b
ON  a. 学号=b.学号
```

结果 | 消息

	学号	姓名	性...	年...	政治面...	民...	家庭地...	编号	学号	课程编号	成绩
1	200030000041	徐伟	男	18	党员	汉	湖南	1003	200030000041	222	80
2	200030000041	徐伟	男	18	党员	汉	湖南	1004	200030000041	12	85
3	200030000042	杨磊	男	19	党员	汉	湖南	1005	200030000042	222	86
4	200030000042	杨磊	男	19	党员	汉	湖南	1006	200030000042	12	75
5	200030000043	殷宏	女	19	党员	汉	湖南	1007	200030000043	222	60
6	200030000043	殷宏	女	19	党员	汉	湖南	1008	200030000043	12	55
7	200030000044	于莉	女	20	群众	汉	湖南	1009	200030000044	222	75
8	200030000044	于莉	女	20	群众	汉	湖南	1010	200030000044	12	80
9	200130000130	朱志	男	21	党员	汉	江西	1011	200130000130	64	67
10	200130000130	朱志	男	21	党员	汉	江西	1012	200130000130	88	51
11	200130000130	朱志	男	21	党员	汉	江西	1013	200130000130	50	55
12	200130000130	朱志	男	21	党员	汉	江西	1031	200130000130	60	90
13	200030000041	徐伟	男	18	党员	汉	湖南	1032	200030000041	100	50
14	200030000041	徐伟	男	18	党员	汉	湖南	1033	200030000041	110	96

图5.19 右外连接查询结果

右外连接匹配过程为：将成绩表中每一行的学号值与学生信息表中所有行的学号列值进行一一匹配，匹配结果除了两个表学号值相等的行，还包含右表中数据在左表中没有匹配的行，而这些行的左表选择列为NULL值。

3. 完全连接

语法如下：

```
SELECT<列名>
FROM 左表 FULL  [OUTER] JOIN 右表
```

```
ON 左表.别名 条件运算符 右表.别名
[WHERE 条件]
[ORDERBY 排序列]
```

完全连接使用FULL JOIN关键字对两个表进行连接。它返回左表和右表中所有行，当某行数据在另一个表中没有匹配时，则另一个表的选择列值为NULL。

【例5-17】把例5-16在学生信息表中查询学生选课程的情况改为完全连接，代码如下：

```
SELECT  a.*, b.*
FROM  学生信息 as  a  full  join  成绩表 as  b
ON  a.学号=b.学号
```

查询结果如图5.20所示。

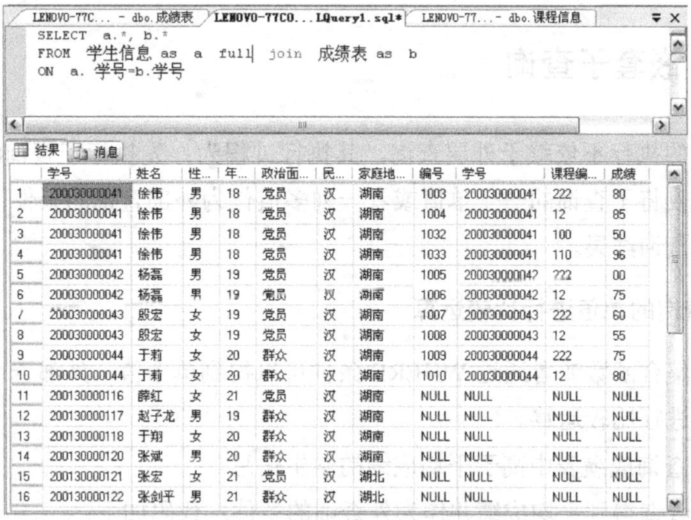

LENOVO-77C... - dbo.成绩表　LENOVO-77CO...LQuery1.sql*　LENOVO-77...- dbo.课程信息

```
SELECT  a.*, b.*
FROM  学生信息 as  a  full  join  成绩表 as  b
ON  a. 学号=b.学号
```

结果　消息

	学号	姓名	性...	年...	政治面...	民...	家庭地...	编号	学号	课程编...	成绩
1	200030000041	徐伟	男	18	党员	汉	湖南	1003	200030000041	222	80
2	200030000041	徐伟	男	18	党员	汉	湖南	1004	200030000041	12	85
3	200030000041	徐伟	男	18	党员	汉	湖南	1032	200030000041	100	50
4	200030000041	徐伟	男	18	党员	汉	湖南	1033	200030000041	110	96
5	200030000042	杨磊	男	19	党员	汉	湖南	1005	200030000042	222	00
6	200030000042	杨磊	男	19	党员	汉	湖南	1006	200030000042	12	75
7	200030000043	殷宏	女	19	党员	汉	湖南	1007	200030000043	222	60
8	200030000043	殷宏	女	19	党员	汉	湖南	1008	200030000043	12	55
9	200030000044	于莉	女	20	群众	汉	湖南	1009	200030000044	222	75
10	200030000044	于莉	女	20	群众	汉	湖南	1010	200030000044	12	80
11	200130000116	薛红	女	21	党员	汉	湖南	NULL	NULL	NULL	NULL
12	200130000117	赵子龙	男	19	群众	汉	湖南	NULL	NULL	NULL	NULL
13	200130000118	于翔	女	20	群众	汉	湖南	NULL	NULL	NULL	NULL
14	200130000120	张斌	男	20	群众	汉	湖南	NULL	NULL	NULL	NULL
15	200130000121	张宏	女	21	党员	汉	湖北	NULL	NULL	NULL	NULL
16	200130000122	张剑平	男	21	群众	汉	湖北	NULL	NULL	NULL	NULL

图5.20　完全外连接查询结果

任务5.2.3　交叉连接

交叉连接又称非限制连接、无条件连接或笛卡儿连接，就是将两个表不加任何限制地组合在一起，连接结果是具有两个表记录数乘积的逻辑数据表。

两个表采用交叉连接没有实际意义，仅用于说明表直接连接的原理。

语法如下：

```
SELECT 字段列表 FROM 表名1 { Cross  Join 表名2 } [...n ]
```

【例5-18】将学生信息表与成绩表交叉连接，代码如下：

```
SELECT  a.*, b.*
FROM  学生信息 as  a  cross  join  成绩表 as  b
```

学生信息有24条记录，成绩表有14条记录，连接结果总共有336条记录。

项目 5.3　子　查　询

子查询是指一条 SELECT 语句作为另一条 SELECT 语句的一部分，也就是说如果一个查询返回一个单值或一列值并嵌套在 SELECT、INSERT、UPDATE 或 DELETE 语句中，则称之为子查询，包含子查询的外层 SELECT 语句称为主查询或外层查询，内层的 SELECT 语句称为子查询或内部查询。

一个子查询还可以嵌套任意数量的子查询，但子查询必须用圆括号括起来。

子查询分嵌套子查询和相关子查询两种。

任务 5.3.1　嵌套子查询

嵌套子查询的执行不依赖于外层查询，其执行过程为：先执行子查询(只执行一次)，其结果不显示，仅将子查询的一个单值或者一列多值作为外部查询的条件使用，然后执行外部查询并显示查询结果。

1. 使用子查询的单值进行比较运算

子查询通过集合函数或者通过 WHERE 条件可以得到单个值，外部查询可以在条件表达式中使用该值进行比较运算。

【例 5-19】查询成绩表中高于平均成绩的学生信息。

可以使用子查询得到平均成绩并作为外查询的条件。代码如下：

```
SELECT  *  FROM  成绩表
   WHERE 成绩>(SELECT  avg(成绩)  FROM  成绩表)
```

查询结果如图 5.21 所示。

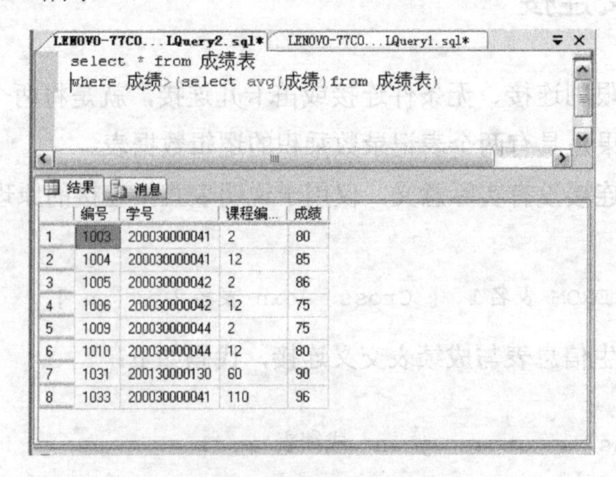

	编号	学号	课程编...	成绩
1	1003	200030000041	2	80
2	1004	200030000041	12	85
3	1005	200030000042	2	86
4	1006	200030000042	12	75
5	1009	200030000044	2	75
6	1010	200030000044	12	80
7	1031	200130000130	60	90
8	1033	200030000041	110	96

图 5.21　使用单值子查询进行比较的查询结果

2. 使用子查询的一列值进行列表包含[not] in 运算

若子查询返回数据表的一列值，外查询可以使用列表包含运算符 in 或 not in 与子查询返回的一列多个值进行比较。

【例 5-20】根据成绩表的选课记录，查询学生信息表已经选修了课程的同学信息，代码如下：

```
SELECT  *  FROM  学生信息
WHERE 学号 in(SELECT 学号 FROM 成绩表)
```

查询结果如图 5.22 所示。

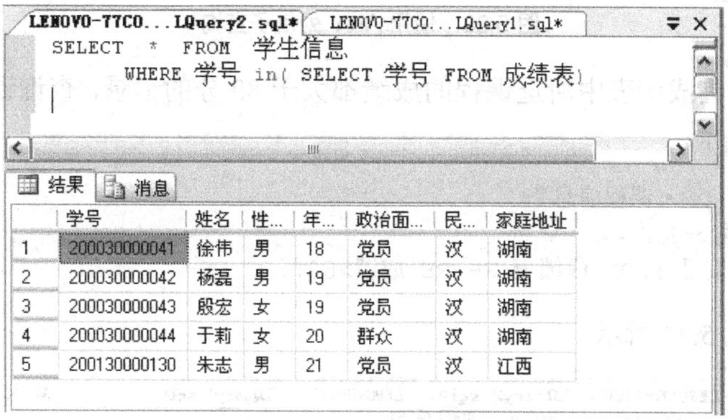

LENOVO-77C0...LQuery2.sql*　LENOVO-77C0...LQuery1.sql*

```
SELECT  *  FROM  学生信息
     WHERE 学号 in( SELECT 学号 FROM 成绩表)
```

结果　消息

	学号	姓名	性...	年...	政治面...	民...	家庭地址
1	200030000041	徐伟	男	18	党员	汉	湖南
2	200030000042	杨磊	男	19	党员	汉	湖南
3	200030000043	殷宏	女	19	党员	汉	湖南
4	200030000044	于莉	女	20	群众	汉	湖南
5	200130000130	朱志	男	21	党员	汉	江西

图 5.22　多值子查询查询结果

3. 使用子查询的一列值进行列表比较 ANY|ALL 运算

列表运算符 ANY 与包含运算符 IN 功能大致相同，IN 可以独立进行相等(包含)比较，而 ANY 必须与比较运算符配合使用，但可以进行任何比较。

列表比较的条件表达式格式如下：

```
表达式  比较运算符  ANY (子查询的一列值)
表达式  比较运算符  ALL (子查询的一列值)
```

该条件将表达式与子查询返回的一整列值逐一比较：

- 只要有一个比较成立：ANY 结果为 TRUE(相当于或运算)。
- 只有全部比较都成立：ALL 结果为 TRUE(相当于与运算)。

【例 5-21】根据成绩表的选课成绩大于 80 分的记录，查询课程信息表相应的课程信息，代码如下：

```
SELECT  *  FROM  课程信息
WHERE 课程编号= any
(SELECT 课程编号 FROM 成绩表 WHERE 成绩>80)
```

查询结果如图 5.23 所示。

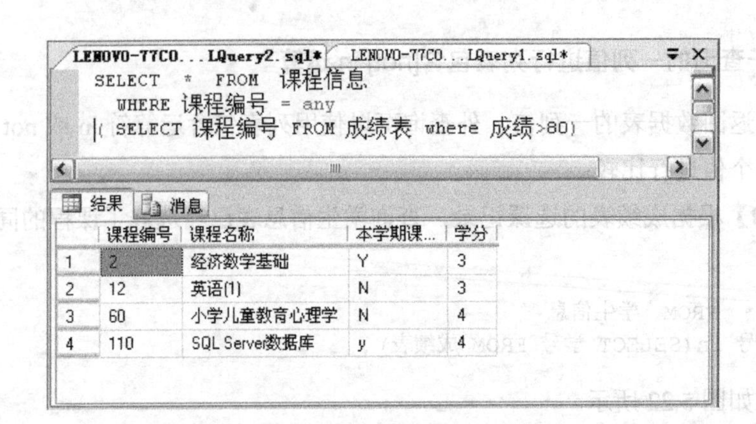

图 5.23 使用 ANY 列值子查询

【例 5-22】查询成绩表中所选课程的成绩都大于 80 分的记录，查询课程信息表相应的课程信息，代码如下：

```
SELECT * FROM 课程信息
WHERE 课程编号>=ALL
(SELECT 课程编号 FROM 成绩表 WHERE 成绩>80)
```

查询结果如图 5.24 所示。

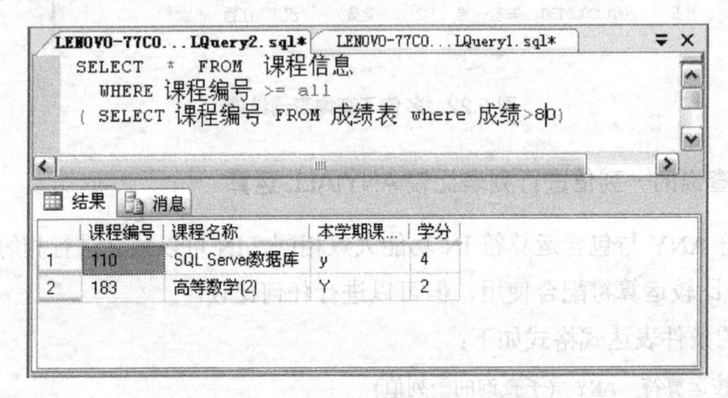

图 5.24 使用 ALL 列值进行子查询

任务 5.3.2 相关子查询

相关子查询就是子查询的执行依赖于外部查询，子查询根据外查询提供的数据进行查询，再将结果返回给外部查询。一般是子查询的 WHERE 子句中引用了外查询数据源的字段值，外查询将字段值逐一传递给子查询并使用子查询的值。其执行过程如下：外查询每处理一行都将值传递给子查询，子查询立即执行并返回查询值。如果子查询的值满足外部查询条件，外查询就得到一条结果并处理下一行，否则直接处理下一行，直到外查询执行完毕。

外查询可以使用存在逻辑运算符[not] exists 检查相关子查询返回的结果集中是否包含

有记录。若子查询结果集中包含记录，则 exists 为 TRUE，否则为 FALSE，存在性检查的逻辑值没有 UNKNOWN。

相关子查询引用外查询的表时可以使用该表的别名。

【例 5-23】将例 5-20 根据成绩表的选课记录查询学生信息表已经选修了课程的同学信息，用相关子查询语句写出，代码如下：

```
SELECT  *  FROM  学生信息 as  a
WHERE  exists
(SELECT * FROM 成绩表 as b WHERE a.学号=b.学号)
```

项 目 总 结

常用的聚合函数有 SUM、COUNT、AVG、MAX、MIN，经常用于数据统计。

分组统计是对表中不同的组分类统计和输出，需要使用 GROUP BY 关键字并配置聚合函数使用。

对分组统计结果再次过滤需要使用 HAVING 关键字。

当查询出的信息来源于不同的表时，需要使用多表连接查询，常用的多表连接有内连接、左外连接、右外连接和完全连接、交叉连接。

子查询分嵌套子查询和相关子查询两种。

练 习 5

1. 选择题

(1) 假设 sales 表存储销售信息，A 列为销售人员姓名，B 列为销售金额，现在需要查询最大的一笔销售额，下面的 SQL 语句正确的是(　　)(选择一项)。

A. .SELECT MAX(B) FROM sales

B. SELECT MAX(B) FROM sales WHERE MAX(B)>=0

C. SELECT A,MAX(B) FROM sales WHERE MIN(B)>=0

D. SELECT A,MAX(B) FROM sales GROUP BY A，B

(2) 要查询一个班中低于平均成绩的学员，需要使用到(　　)(选择一项)。

A. HAVING　　　　B. MAX

C. MIN　　　　D. AVG

(3) 假设 A.表(左表)中有 5 行数据，B.表(右表)中有 3 行数据，执行左外连接查询，将返回(　　)行数据(选择一项)。

A. 3　　　　B. 15

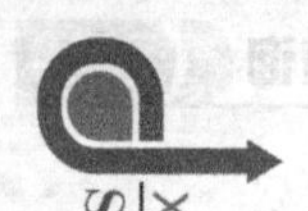

C. 8　　　　　　　　　　D. 5

(4) 有一个商品信息表(表名 proinfo)，表的字段为 proID(商品编号)、procatg(商品类别)、proname(商品名称)、proprice(商品价格)、下列选项(　　)可以查询每一类商品的平均价格。

A. SELECT progatg, AVG(proprice) FROM proinfo

B. SELECT progatg, AVG(proprice) FROM proinfo GROUP BY procatg

C. SELECT proname, AVG(proprice) FROM proinfo GROUP BY procatg

D. SELECT progatg, AVG(proprice) FROM proinfo GROUP BY procID

(5) 关于聚合函数，以下说法错误的是(　　)(选择一项)。

A. Sum 返回表达式中所有数的总和，因此只能用于数字类型的列

B. Avg 返回表达式中所有数的平均值，可以用于数字型和日期型的列

C. Max 和 Min 可以用于字符型的列

D. Count 可以用于字符型的列

2. 简答题

(1) 请简述左外连接的匹配过程。

(2) WHERE 与 HAVING 的区别是什么？

(3) 计算平均值需要用哪个聚合函数？

实　训　5

第一部分　上机任务

前面实训 4 对学生信息管理系统数据库进行了基本的数据查询，本实训将对学生信息管理系统进行分类统计。

训练技能点：

(1) 分组统计中聚合函数的使用。

(2) 多表连接查询。

(3) 在上一项目的基础上，执行数据的查询分析操作。

第二部分　任务实现

任务 1　统计每个同学所选课程的总成绩

掌握要点：

(1) 分组统计 GROUP BY 语句的使用。

(2) 聚合函数的使用。

任务说明：

统计每个同学所选课程的总成绩，要求只显示“学号”和“总成绩”两列信息。

实现思路：

(1) 成绩表中存储着学生所选课程的成绩信息，所以对成绩表进行统计。

(2) 需要按学号进行分组，分组后对成绩求总和。分组应使用 GROUP BY 关键字，求和应使用 Sum 聚合函数。

实现步骤：

(1) 启动 SSMS，选择学生信息管理系统数据库，打开“新建查询”窗口。

(2) 按照实现思路编写 SQL 语句。

参考代码：

```
SELECT 学号, SUM(成绩)  as 总成绩  FROM 成绩表
GROUP BY 学号
```

任务 2　统计学生信息表中男生和女生的人数

任务说明：

统计学生信息表中男女生的数量，要求显示“性别、人数”。

实现思路：

(1) 学生信息表存储学生信息。

(2) 需要按学生信息表中的性别进行分组，分组后统计男女生人数。

(3) 先检查语法，并执行 SQL 语句。

参考代码：

```
SELECT 性别, count(*)  as 人数  FROM 学生信息
GROUP BY 性别
```

任务 3　查询学生选课信息

掌握要点：

掌握 inner join 内连接的使用。

掌握在内连接中使用分组统计。

掌握 HAVING 子句的用法。

掌握 ORDER BY 子句的用法。

任务说明：

在成绩表和课程信息表中查询每个同学选修课的名称，并按照课程名称来分组统计每门课程的选修人数，按人数降序排序。

实现思路：

查询结果要显示“课程名称、选修人数”，其中课程名称存储在课程信息表中，选修课程存储在成绩表中。需要使用内连接按课程编号进行关联。

内连接关联出的是一个结果集，需要在结果集按课程名称进行分组，分组后，需要对不同的课程进行分组，统计出每门课程选修的人数。最后按“选修人数”降序排序。

套用 SELECT 语句语法，编写代码。检查语法并执行，最后观察结果。

实现步骤：

(1) 编写 SELECT 语句对成绩表和课程信息表按照课程编号进行内连接。

(2) 对内连接结果按课程名称进行分组。

(3) 分组后使用 ORDER BY 语句按照选修人数进行排序。

参考代码：

```
SELECT  a.课程名称, count(*)  as 选修人数  FROM 课程信息  AS  a
Inner join 成绩表 AS  b
ON  a.课程编号=b.课程编号
GROUP BY a.课程名称
ORDER BY 选修人数 DESC
```

任务 4　查询指定学生的一个学期的选修课程的详细信息

任务说明：

查询姓名为徐伟的学生的详细信息，要求显示“学号、姓名、性别、课程名称、成绩”。

实现思路：

(1) 徐伟信息存储在学生信息表中，但要求显示的“课程名称”存储在课程信息表中，成绩存储在成绩表中，涉及 3 个表，需要使用多表内连接查询。

(2) 查询一个学生的上课信息，需要使用 WHERE 进程过滤。

(3) 执行 SQL 语句。

实现步骤：

(1) 三个表的内连接思路为：首先两表进行关联，然后在结果集的基础上再与第三个表进行关联。

(2) 编写过滤条件，要求显示姓名为徐伟的上课信息。

参考代码：

```
SELECT  a.学号, a.姓名, a.性别, c.课程名称, b.成绩
FROM 学生信息  AS  a Inner join 成绩表 AS  b
ON a.学号=b.学号
Inner join 课程信息 AS  c
ON  b.课程编号=c.课程编号
WHERE  a.姓名='徐伟'
```

任务 5　查找没有选课的学生信息

任务说明：

查找哪些学生还没有选修课程，将这些学生的姓名、学号、年龄显示出来，并按年龄降序排序。

实现思路：

(1) 学生信息表存储学生信息，成绩表存储学生选课信息，查找没有选课的学生，其实就是查询学生信息表中哪些学生没有在成绩表中出现过。可以使用左外连接进行查询，然后过滤结果集中课程编号为NULL的信息。

(2) 使用ORDER BY子句按照年龄进行降序排序。

(3) 执行SQL语句，观察结果。

实现步骤：

(1) 使用左外连接查询没有选课的学生。设学生信息为左表，成绩表为右表，按照两个表中的学号进行关联。

(2) 编写WHERE条件成绩表中课程编号是NULL的信息。

(3) 编写ORDER BY子句，对结果集按年龄进行降序排序。

参考代码：

```
SELECT  a.学号, a.姓名, a.年龄, b.课程编号
FROM 学生信息 AS a  left join 成绩表 AS b
ON a.学号=b.学号
WHERE  b.课程编号 is null
ORDER BY 年龄 DESC
```

第三部分　作业

作业　在学生信息管理系统中进行统计、多表查询学生信息

(1) 查询成绩表中不及格的学生信息，要求以成绩降序排列。(order by)

(2) 分组统计学生信息表中男生和女生的人数。(group by)

(3) 统计成绩表中学生的总成绩、平均成绩。

(4) 统计学生信息表中学生姓名以“李”开头的学生人数。

(5) 在成绩表中按照学号统计每个同学所选课程总成绩。

(6) 内连接成绩表和课程信息表，要求显示成绩表中的学号、成绩，课程信息表中的课程名称。

(7) 使用左外连接查询课程信息与成绩表中的数据。

(8) 使用右外连接查询课程信息与成绩表中的数据。

(9) 查找选修了课程编号为12的学生的基本信息。

(10) 查找男同学的选修课的信息。

项目6　视图的创建与管理

学习任务：

- 掌握视图的基本概念。
- 了解使用视图的好处。
- 创建视图的方法。

技能目标：

- 使用T-SQL语句对学生信息管理数据库创建视图。
- 掌握使用视图对学生信息管理数据库进行查询。
- 掌握通过视图对学生信息管理数据库表进行操作。

课前预习：

- 什么是视图？视图的优点什么？
- 如何创建视图？
- 以视图对数据表的数据进行操作。

项目描述：

在实际的查询中，我们经常使用的SELECT语句，尤其是比较复杂的查询语句，如果每次使用都要重复地输入代码，是很麻烦的，如果将该语句保存为一个对象，每次使用时不需要输入代码，只给出对象的名字就能方便地使用，简化查询操作，这个对象就称为视图。

如小王作为技术培训中心的数据库开发人员，负责“学生信息管理”数据库设计。在数据库中的许多查询经常用到“学生学号、学生姓名、课程名称、成绩”这些字段，这些字段涉及了“学生信息、课程信息、成绩”三个表；这三个表很少被更新(只有在期末要录入成绩时，才更新选修表中的数据)。小王在做数据查询测试时，发现查询响应时间太慢，而且多数的查询语句都要做三个表的连接。作为一个有经验的数据库开发人员，小王为“学生信息”数据库创建一个“学生选课信息”视图，该视图定义了查询经常用到的那些字段列，大大简化了查询操作。

项目目标：

通过使用“学生信息管理系统”数据库，掌握创建视图的方法；掌握利用视图管理数据库多个表中的数据，能同时对多个表中的数据进行操作，实现灵活使用数据库中的数据。

项目6.1 创建视图

前面我们经常使用SELECT语句进行查询数据，我们把一些较复杂的查询语句保存为一个对象，以便后来使用时不需要输入代码，只给出对象的名字就能方便地使用，这种对象就称为视图。视图是由SELECT查询语句构成的，使用视图就可以直接得到SELECT语句的查询结果集，所以可以像下面这样为视图下一个定义。

视图就是基于一个或多个数据表的动态数据集合，是一个逻辑上的虚拟数据表。

另一方面，视图又具有更强的功能：使用SELECT语句只能在结果集——动态逻辑虚拟表中查看数据，而使用视图不但可以查看数据，而且可以作为SQL语句的数据源，并且可以直接在视图中对数据进行编辑/修改/删除——更新数据表中的数据。这就是视图的优点所在。

SELECT、INSERT、UPDATE语句都可以直接对视图进行操作。

注意：

- 数据表是数据库中真正存储数据的实体对象，是物理的数据源表，也称为基表。
- 视图是源于一个或多个数据表的动态逻辑虚拟表，在引用视图时动态生成。其数据仍然存放在数据表中。
- 视图对象在数据库中只存放视图的定义语句，而不存储其操作使用的数据，对视图中数据的操作，实际上是对基表中数据的操作。

我们可以把前面所创建的临时表创建为视图，直接把视图作为数据源使用，可以节省存放临时表数据所占用的内存空间。

我们也可以将前面介绍的那些比较复杂又经常使用的查询语句也创建为视图对象，使用时只要给出视图的名字就可以直接调用，而不必重复书写复杂的SELECT语句。

任务6.1.1 使用视图的优点

1. 为用户集中数据、简化查询和处理

当用户需要的数据分散在多个表中时，定义视图可将它们集中在一起，作为一个整体进行查询和处理。

2. 屏蔽数据库的复杂性

数据库的规范化设计便于数据库的管理、减少了数据冗余，但是把一些存在着关系、本来可以属于一个整体的数据分成了若干个独立的数据表，再通过表之间的关联组织数据，

不太符合人们的日常习惯，没有一定数据库知识的人难以使用数据库。

视图的创建就可以向最终用户隐藏复杂的表连接，按人们习惯的方式把数据逻辑地组织在一起交给用户使用，简化了用户的SQL程序设计，用户不必了解数据表的表结构和数据表之间复杂的关联，管理人员对数据表的更改也不会影响用户对数据库的使用，使他们在不需要太多数据库知识的情况下即可以按自己的习惯简单方便地输入、查看和修改或删除数据。

3. 简化用户权限的管理

数据表是某些相关数据的整体，如果不想让某些用户查看和修改其中的一部分数据，则可以为不同用户创建不同的视图，只授予使用视图的权限而不允许访问表，这样就不必在数据表中针对某些用户对某些字段设置不同权限了，而且增加了安全性。

4. 实现真正意义上的数据共享

不同的职能部门和不同的用户所关心的数据内容是不同的，即使同样的数据也有不同的操作要求。根据不同需求定义不同的视图，脱离了数据库所要求的物理数据结构，就像单独为他们定义了一个数据表一样，各个用户可以重复任意使用不同数据库的数据，而且视图只存储定义信息，不增加数据的存储空间，全部数据只需存储一次，实现了真正意义上的数据共享，大大提高了数据库的使用功能。

5. 重新组织数据

使用视图可以重新组织数据以便输出到其他应用程序中，可以将多个物理数据库抽象为一个逻辑数据库。

任务 6.1.2　视图的创建与使用

视图在数据库中是作为一个对象来存储的。创建视图前，要保证已被数据库所有者授权允许创建视图，并且有权操作视图所引用的表或其他视图。

在 SQL Server 2005 中可以在 SSMS(SQL Server Management Studio)中创建视图，也可以使用 T-SQL 语句创建视图。

1. 在 SSMS 中创建与使用视图

(1)　在 SSMS 中创建视图。

在 SSMS 中创建学生选课信息(包括全部所选课程信息)的视图“学生选课信息”，具体操作步骤如下。

①　打开 SSMS，展开数据库学生信息管理系统，选中“视图”右击，在弹出的快捷菜单上选择“新建”→“视图”命令。

② 弹出创建视图窗口，如图6.1所示。

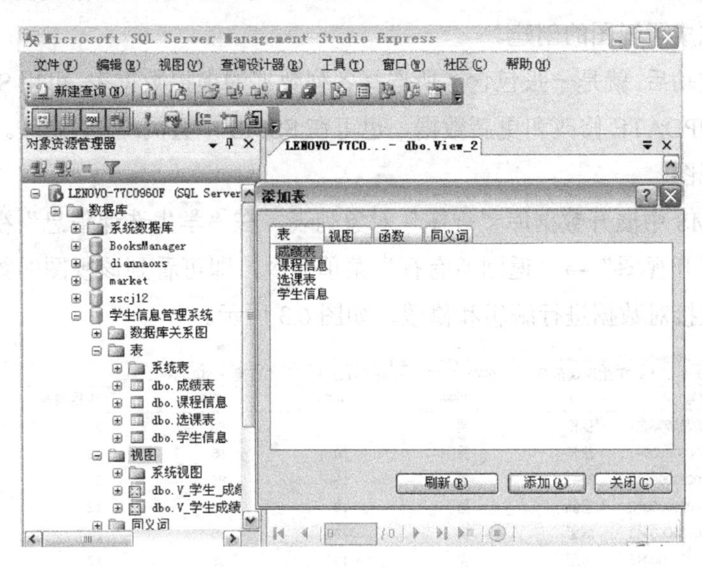

图6.1 创建视图窗口及“添加表”对话框

③ 在“添加表”对话框中选择视图引用的表、视图，可用Ctrl或Shift键进行多选，单击“添加”按钮，在创建视图窗口上面第一个子窗口中出现学生信息表和成绩表。

④ 在第二个子窗口中选择创建视图所需的字段(也可以从表中拖入)、指定别名、排序类型、排序方式和筛选引用表记录的准则条件，如在成绩字段的筛选项中输入“>80”，表示创建的视图只包含成绩大于80分的数据。

当视图同时引用源表的同名字段或引用计算列时，必须指定别名。

设置的信息自动生成SQL语句并显示在第三个小窗口中。也可以直接在该小窗口输入SELECT语句，如图6.2所示。

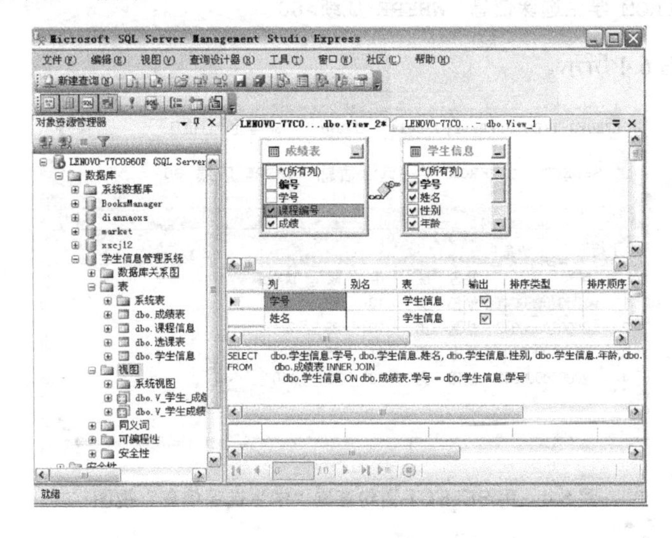

图6.2 视图的设置

⑤　完成设置后，单击“保存”按钮，出现保存视图对话框，输入视图名，单击“确定”按钮，便完成了视图的创建。

视图创建成功后，就是一张包含了所选择各列数据的虚拟数据表，可用 SQL 的 SELECT 查询数据，用 UPDATE 修改和更新数据，也可在 SSMS 中查阅/编辑/修改。

(2)　使用视图。

①　在 SSMS 中展开数据库“视图”对象列表，在“学生选课信息”视图上单击鼠标右键，选择“打开视图”→“返回所有行”菜单命令，即可看到该视图的数据内容。在打开的视图中可直接对数据进行编辑和修改，如图 6.3 所示。

LENOVO-7...bo.学生选课信息 | LENOVO-77CO...- dbo.View_1 | 未连接 - SQLQuery2.sql*

学号	姓名	性别	年龄	成绩	课程编号
200030000041	徐伟	男	18	80	2
200030000041	徐伟	男	18	85	12
200030000042	杨磊	男	19	86	2
200030000042	杨磊	男	19	75	12
200030000043	殷宏	女	19	60	2
200030000043	殷宏	女	19	55	12
200030000044	于莉	女	20	75	2
200030000044	于莉	女	20	80	12
200130000130	朱志	男	21	67	64
200130000130	朱志	男	21	51	88
200130000130	朱志	男	21	55	50
200130000130	朱志	男	21	90	60
200030000041	徐伟	男	18	50	100

1 /14

图 6.3　在 SSMS 窗口打开的“学生选课信息”视图

②　用 SELECT 语句直接查询视图。

【例 6-1】在视图中查询所有学生成绩大于 80 分的学生信息，代码如下：

```
SELECT  *  FROM 学生选课信息  WHERE 成绩>80
```

查询结果如图 6.4 所示。

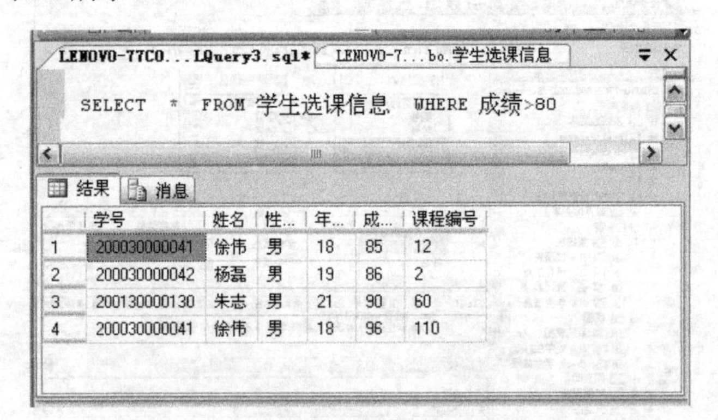

```
SELECT  *  FROM 学生选课信息  WHERE 成绩>80
```

	学号	姓名	性...	年...	成...	课程编号
1	200030000041	徐伟	男	18	85	12
2	200030000042	杨磊	男	19	86	2
3	200130000130	朱志	男	21	90	60
4	200030000041	徐伟	男	18	96	110

图 6.4　用 SELECT 语句查询“学生选课信息”视图

2. 使用 SQL 语句创建与使用视图

用 CREATE VIEW 语句创建视图的语法如下：

```
CREATE  VIEW  视图名[ (列名1, 列名2 [ , …n ] ) ]
   [ WITH  ENCRYPTION ]     -- 用于对视图定义语句加密，不允许修改
   AS
   SELECT 查询语句            -- 创建视图的定义语句
   [WITH CHECK OPTION]      -- 用于对视图数据修改时的限制
```

说明：

- 列名：视图显示时使用的标题，若直接使用 SELECT 指定列名且其中没有相同的也没有未指定别名的计算列则可以省略，只要有一个需要指定列标题则要全部写出。最多可引用 1024 个列。
- ENCRYPTION：要求系统存储时对该 CREATE VIEW 语句进行加密，不允许别人查看和修改定义语句。
- CHECK OPTION：与定义视图中 SELECT 语句的 WHERE 子句配合使用，指定对视图中数据的修改必须遵守 WHERE 子句设置的条件，不满足条件的数据不允许修改，保证修改后的数据能通过视图查看。省略时可以在不违反约束前提下对数据任意修改，但修改后不满足条件的记录不再出现在视图中。
- SELECT 查询语句：指定视图中使用数据的范围，可用多个基表或视图作数据源，但不能用临时表或表变量；不能使用 INTO、COMPUTE、ORDER BY 子句。

【例 6-2】创建男同学的选课情况的视图，代码如下：

```
 CREATE VIEW 男生选课信息
   AS
   SELECT  a.学号, a.姓名 , a.性别, b.课程编号,b.成绩
   FROM  学生信息  AS  a  Join 成绩表 AS  b
   ON  a.学号=b.学号
WHERE  a.性别='男'
```

在查询编辑器中输入以上代码，运行后显示“命令已成功完成”。

视图创建完成后，可以随时在 SSMS 的“视图”对象列表中右击，选择“打开表”→“返回所有行”命令来查看，也可以像查询数据表那样使用 SELECT 语句查询该视图：

```
SELECT * FROM  男生选课信息
```

查询结果如图 6.5 所示。

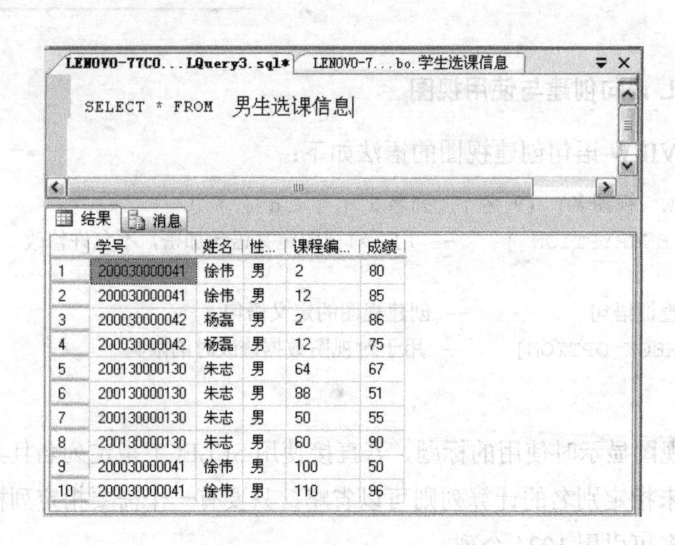

图 6.5 查询男生选课信息视图

【例 6-3】创建选修了课程编号为 12 的学生信息的视图，代码如下：

```
CREATE VIEW 选课信息
    AS
    SELECT  a.学号, a.姓名 , a.性别, b.课程编号,b.成绩
    FROM  学生信息  AS  a  Join 成绩表 AS  b
    ON  a.学号=b.学号
  WHERE  b.课程编号=12
SELECT  *  FROM 选课信息
```

查询结果如图 6.6 所示。

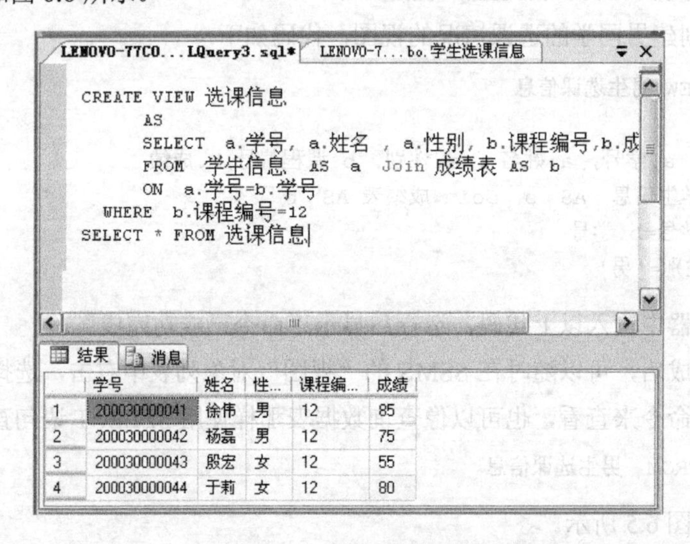

图 6.6 选课信息视图

创建视图后，作为一个完整的数据源，可以使用 SELECT 语句对视图随意设置字段、指定任意条件筛选记录以进行任何查询，而不必再考虑哪些数据在哪个表中以及这些表是怎样连接的了。

项目6.2 使用视图对数据表的数据进行操作

除了在SELECT语句中使用视图作为数据源进行查询以外，我们还可以在SSMS中打开视图对象，直接在视图中对数据进行添加、修改和删除操作，也可以使用T-SQL语句通过视图对数据表的数据进行添加、修改和删除操作。如：

- 用INSERT语句通过视图向基本表插入数据。
- 用UPDATE语句通过视图修改基本表的数据。
- 用DELETE语句通过视图删除基本表的数据。

注意：

使用视图对数据表的记录数据进行操作时，所创建的视图必须满足以下条件：

- 视图的字段中不能包含计算列——计算列是不能更新的。
- 创建视图的SELECT语句不能使用GROUP BY、UNION、DISTINCT或TOP子句。
- 创建视图的SELECT语句用FROM指定的数据源可以一层一层地引用，但最终应至少包含一个数据表。
- 当视图依赖多个数据表时，不能通过视图给各个表插入删除记录，只可以对某个数据进行更新，一次只能修改一个表的数据。
- 对于依赖于多个基本表的视图，不能使用DELETE语句。

任务6.2.1 利用视图对基表进行操作

由于通过视图操作数据表的限制较多，在实际应用中可以单独查看数据的视图，需要时单独创建符合更新条件、用于输入、更新数据表的视图。

1. 插入数据

可以通过视图插入数据，但应该注意的是，插入的数据实际上存放在基表中，而不是存放在视图中。视图中的数据若发生变化，是因为基表中的数据发生了变化。

【例6-4】通过学生选课信息视图向学生信息表中添加三条记录，代码如下：

```
INSERT 学生选课信息(学号, 姓名,性别)
  VALUES ('20110001001','宋佳','女')
INSERT 学生选课信息(学号, 姓名,性别)
  VALUES ('20110001002','张朋','男')
INSERT 学生选课信息(学号, 姓名,性别)
  VALUES ('20110001003','王丽','女')
```

输入上面的代码，可以通过视图向学生信息表中添加三条记录，利用下面的查询语句分别查看视图和表，看看有什么变化：

```
SELECT  *  FROM 学生选课信息
```

结果如图 6.7 所示。

LENOVO-77C0...LQuery4.sql*

```
SELECT * FROM 学生选课信息
```

结果 消息

	学号	姓名	性...	年...	成...	课程编号
1	200030000041	徐伟	男	18	80	2
2	200030000041	徐伟	男	18	85	12
3	200030000042	杨磊	男	19	86	2
4	200030000042	杨磊	男	19	75	12
5	200030000043	殷宏	女	19	60	2
6	200030000043	殷宏	女	19	55	12
7	200030000044	于莉	女	20	75	2
8	200030000044	于莉	女	20	80	12
9	200130000130	朱志	男	21	67	64
10	200130000130	朱志	男	21	51	88
11	200130000130	朱志	男	21	55	50
12	200130000130	朱志	男	21	90	60
13	200030000041	徐伟	男	18	50	100
14	200030000041	徐伟	男	18	96	110

图 6.7　学生选课信息视图

```
SELECT  *  FROM 学生信息
```

结果如图 6.8 所示。

LENOVO-77C0...LQuery4.sql*

```
SELECT * FROM 学生信息
```

结果 消息

	学号	姓名	性...	年...	政治面貌	民...	家庭地址
14	200130000126	张宇宏	女	19	群众	汉	江西
15	200130000127	郑莹	女	18	群众	汉	江西
16	200130000128	朱莉平	女	22	群众	汉	江西
17	200130000129	朱文娟	女	21	群众	汉	江西
18	200130000130	朱志	男	21	党员	汉	江西
19	200130000131	左从宏	男	22	党员	汉	江西
20	200130000132	陈霞	女	20	党员	汉	江西
21	200130000133	丁怡	女	20	群众	汉	江西
22	200130000134	冬云	男	21	群众	汉	江西
23	200130000135	高轶	男	21	群众	汉	江西
24	201100000100	王飞	男	20	群众	汉	山东
25	20110001001	宋佳	女	N...	NULL	N...	NULL
26	20110001002	张朋	男	N...	NULL	N...	NULL
27	20110001003	王丽	女	N...	NULL	N...	NULL

图 6.8　学生信息表

从图 6.7 和图 6.8 我们可以看出，通过视图向学生信息表中添加了三条记录，但并不是所有基表中的数据都反映在视图中，只有符合视图定义的基表中的数据才会出现在视图中。

提示： 通过视图向基表中添加数据时，不能同时向两个或多个基表中添加，每次只能更新一个基表中的数据。

2. 更新数据

使用 UPDATE 命令更新数据时，被更新的数据列必须在同一个基表中。

【例 6-5】更新学生选课信息视图，把课程编号为 12 的课程成绩都增加 10，代码如下：

```
UPDATE 学生选课信息
SET 成绩=成绩+10 WHERE 课程编号=12
```

输入上面的代码运行，可以通过视图更新成绩表中的数据，利用查询语句分别查看视图和表，看看更新前后有什么变化。

3. 删除数据

【例 6-6】利用学生选课信息视图，把例 6-4 通过学生选课信息视图向学生信息表中添加的学号为‘20110001001’的信息删除，代码如下：

```
DELETE  FROM 学生选课信息
WHERE 学号='20110001001'
```

输入上面的代码运行，就会发现学生选课信息视图和学生信息表中学号为‘20110001001’的数据已经被删除。

任务 6.2.2　查看、编辑和删除视图

1. 查看和编辑视图定义结构

在 SSMS 中展开数据库和视图，在需要查看或编辑的视图对象上单击鼠标右键，选择“设计视图”菜单命令，可以查看并修改视图结构，如图 6.9 所示。

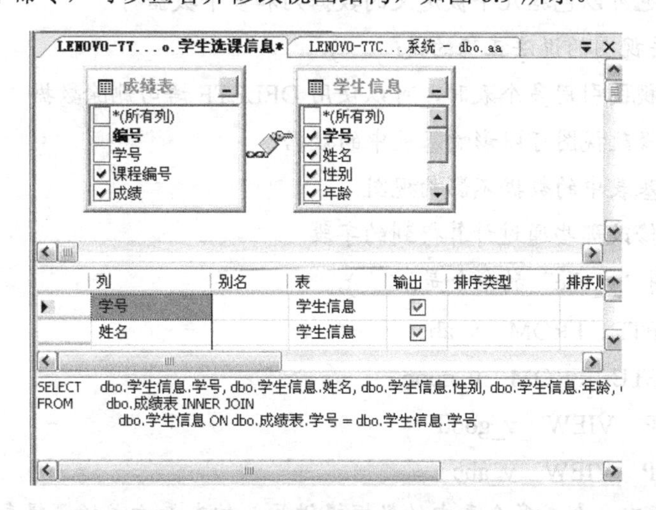

图 6.9　查看并修改视图结构

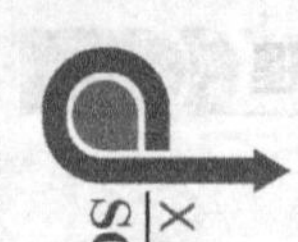

2. 删除视图

在 SSMS 中展开数据库和视图，在需删除的视图对象上单击鼠标右键，在弹出的快捷菜单上选择“删除”命令，即可删除指定的视图。

项 目 总 结

视图的基本概念，理解视图与基表的主要区别。

视图的优点。

掌握利用 SSMS 创建和修改视图的方法。

利用视图对数据表进行插入、更新和删除数据的操作及注意事项。

掌握利用视图对基表中的数据进行操作的方法。

练 习 6

1. 选择题

(1) 关于视图说法错误的是(　　)。

A. 视图不是真实存在的基础表，而是一个虚拟的表

B. 视图所对应的数据存贮在视图所引用的表中

C. 视图只能有一个表导出

D. 视图也可以包括几个被定义的数据列和多个数据行

(2) 下列有关视图的说法正确的是(　　)。

A. 如果视图引用多个表时，可以使用 DELETE 语句删除数据

B. 通过修改视图可以影响基表中的数据

C. 修改基表中的数据不影响视图

D. 可以修改那些通过计算得到的字段

(3) 删除视图“v_abc”的命令是(　　)。

A. DELETE　FROM　v_abc

B. DELETE　FROM　v_good

C. DROP　VIEW　v_good

D. DROP　VIEW　v_abc

(4) 为数据库中一个或多个表中的数据提供另一种查看方式的逻辑表被称为(　　)。

A. 存储过程　　B. 触发器　　C. 视图　　D. 表

(5) SQL Server 的视图最多可包含多少列？(　　)

A. 250　　　　B. 1024　　　　C. 24　　　　D. 99

2. 简答题

(1) 视图和表有什么区别?

(2) 视图有哪些优点?

(3) 通过视图插入、更新和删除数据操作的注意事项是什么?

实　训　6

第一部分　上机任务

本实训通过对学生信息管理系统建立视图，简化查询，提高查询速度。

训练技能点：

(1) 使用 SSMS 窗口创建视图。

(2) 使用 CREATE VIEW 命令创建视图。

(3) 通过视图查询、插入、更新和删除数据。

第二部分　任务实现

任务 1　创建视图存放选修了课程的学生信息

掌握要点：

(1) 使用 SSMS 窗口和命令创建视图。

(2) 对两个表进行关联。

任务说明：

创建视图 v_student1，要求显示“学号”、“姓名”、“性别”、“课程编号”和“成绩”这 5 列信息。

实现思路：

(1) 成绩表中存储着学生所选课程的成绩信息，学生信息表中存放着学生的基本信息。

(2) 需要按学号进行关联，在 SSMS 窗口创建视图。

实现步骤：

(1) 启动 SSMS，展开学生信息管理系统数据库，选中“视图”，右击，在弹出的快捷菜单上选择“新建”→“视图”命令。

(2) 弹出创建视图窗口，如图 6.10 所示。

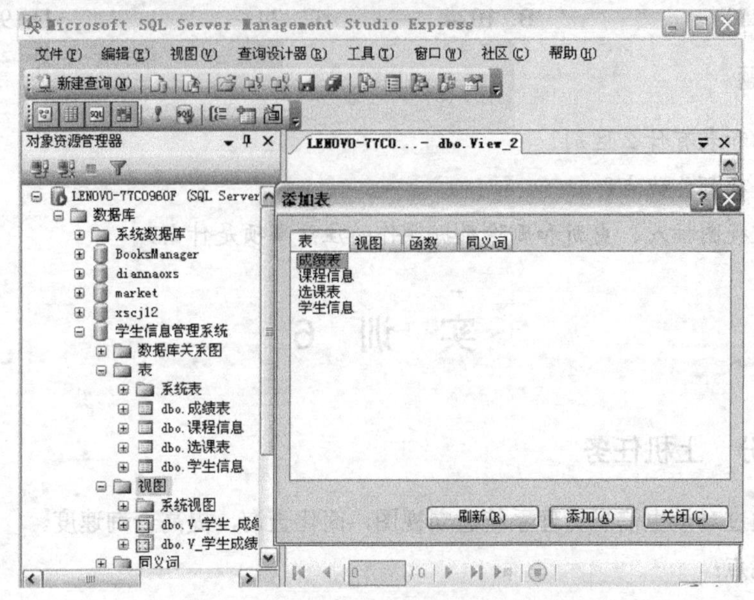

图 6.10　创建视图窗口及“添加表”对话框

(3) 在“添加表”对话框中选择视图引用的表，单击“添加”按钮，在创建视图窗口上面第一个子窗口中出现学生信息表和成绩表。

(4) 在第二个子窗口中选择创建视图所需的字段。

(5) 完成设置后，单击“保存”按钮，出现保存视图对话框，为视图起名为“v_student1”，单击“确定”按钮，完成视图的创建。

任务 2　创建视图存放选修了课程编号为 2 的学生信息

任务说明：

(1) 使用命令创建视图。

(2) 对两个表进行关联。

任务说明：

创建视图 v_student2，要求显示“学号”、“姓名”、“性别”、“课程编号”和“成绩”这 5 列信息。

实现思路：

(1) 成绩表中存储着学生所选课程的成绩信息，学生信息表中存放着学生的基本信息。

(2) 需要按学号进行关联，创建视图用 CREATE VIEW 命令。

(3) 需要在成绩表中查询课程编号=2 的信息。

(4) 先检查语法，并执行 SQL 语句。

参考代码：

```
CREATE VIEW  v_student2
    AS
```

```
    SELECT  a.学号, a.姓名 , a.性别, b.课程编号,b.成绩
    FROM  学生信息  AS  a  inner Join 成绩表 AS  b
    ON  a.学号=b.学号
WHERE  b.课程编号=2
```

任务 3　创建视图存放选修了“经济数学基础”的学生信息

任务说明：

(1) 使用命令创建视图。

(2) 对三个表进行关联。

任务说明：

创建视图 v_student3，要求显示“学号”、“姓名”、“性别”、“课程名称”和“成绩”这 5 列信息。

实现思路：

(1) 以学生信息表存储学生信息，“经济数学基础”存放在课程信息表中。

(2) 需要从成绩表中查询课程编号和与之对应的课程名称的信息。

(3) 先检查语法，并执行 SQL 语句。

参考代码：

```
CREATE VIEW  v_student3
    AS
    SELECT  a.学号, a.姓名 , a.性别, c.课程编号,b.成绩
    FROM  学生信息  AS  a  inner Join 成绩表 AS  b
    ON  a.学号=b.学号
    Join 课程信息 AS  c
    ON b.课程编号=c.课程编号
WHERE  c.课程名称='经济数学基础'
```

第三部分　作业

作业　在学生信息管理系统中创建视图

(1) 在成绩表中为不及格的学生信息创建一个视图。

(2) 创建视图，存放学生信息表中学生姓名以“李”开头的学生信息。

(3) 创建视图，要求显示成绩表中的学号、成绩、课程信息表中的课程名称。

(4) 创建视图，查找选修了课程编号为 12 的男同学的基本信息。

(5) 为学生信息表创建视图，要求视图中只包括女同学。

项目 7　数据库索引

学习任务：

- 掌握索引的基本概念。
- 了解使用索引的优缺点。
- 创建索引。
- 了解索引的几种类型。

技能目标：

- 掌握利用 SSMS 窗口创建索引的方法。
- 使用 T-SQL 语句对学生信息管理数据库创建索引。
- 掌握通过建立索引对学生信息管理数据库快速查询的操作。

课前预习：

- 什么是索引？索引的优缺点是什么？
- 如何创建索引？
- 索引如何对数据表的数据进行快速查询？

项目描述：

用户对数据库最频繁的操作是进行数据查询。一般情况下，数据库在进行查询操作时需要对整个表进行数据搜索。当表中的数据很多时，搜索数据就需要很长的时间。为了提高检索数据的能力，数据库引入了索引机制。本项目将介绍索引的概念及其创建与管理。

项目目标：

通过使用“学生信息管理系统”数据库，掌握创建索引的方法；掌握利用索引快速查询数据；掌握索引的概念，索引的分类；使用 SSMS 和使用语句创建索引，修改索引等。

项目 7.1　索 引 概 述

任务 7.1.1　什么是索引

前面我们介绍了表的概念，并了解到表是存储数据的结构。表中的数据没有特定顺序，称为堆。要从表中查找数据，就需要扫描整个堆，这项操作称为完全表格扫描。就如同没有目录的书一样，每次要在表中找一个信息时，就可能要从第一页翻到最后一页，才能找到所查找的内容。

索引是一个表或视图上创建的对象，当用户查询索引字段时，它可以快速实施数据检索操作。索引就如同书中的目录，书的内容类似于表的数据，书中的目录通过页号指向书的内容，同样，索引提供指针，以指向存储在表中指定字段的数据值。借助于索引，执行查询时不必扫描整个表就能够快速找到所需要的数据。下面举例说明如何利用索引来提高数据检索速度。如表 7.1 所示，列出了“商品一览表”中的货号、货名、规格。

表 7.1 商品一览表

货 号	货 名	规 格
3002	CPU 处理器	SY8800
1002	计算机	LX
1003	计算机	FZ
1001	计算机	LC
2002	显示器	17
2001	显示器	15
3001	CPU 处理器	P4
4001	内存储器	256
4002	内存储器	512

如果想在该表中检索货号为“3001”的货物，该如何进行呢？一种方法是从表的第一行开始，逐行读入表中的每一行记录，直到找到编号为 3001 的货物，这是在没有索引的情况下进行的完全表格扫描。显而易见，这种方式检索数据的效率十分低下。如果所查找的记录是表中的最后一条记录，那么它前面的每条记录还要一一判断。

另一种方法是在存在索引的情况下，可以利用索引检索数据。基于该表的货号字段建立索引，服务器就会按照“货号”顺序排序并建立一个索引表(见表 7.2)。根据索引表中的指针地址可以较快的速度找到相应的记录，这样就大大提高了检索效率。

表 7.2 货号索引表

索引编号	指针地址
1001	4
1002	2
1003	3
2001	6
2002	5
3001	7

续表

索引编号	指针地址
3002	1
4001	8
4002	9

此例中，是基于“货号”字段建立的索引，称为索引字段，也叫索引列或索引键。索引列可以是表中的一个字段，相应的索引称为简单索引。也可以是由多个字段组合而成，相应的索引叫复合索引。索引列的值可以设置为惟一的，如上例中所创建的索引，这种索引叫惟一索引，它可以强制某字段的值惟一。同样，也可以把索引设置为允许有重复值，又称为非惟一索引。

任务 7.1.2　索引的分类

在 SQL Server 的数据库中按存储结构的不同将索引分为两类：聚集索引(Clustered Index)和非聚集索引(Nonclustered Index)。

1. 聚集索引

聚集索引对表的物理数据页中的数据按列进行排序，然后再重新存储到磁盘上，即聚集索引与数据是混为一体的。由于聚集索引对表中的数据一一进行了排序，因此用聚集索引查找数据很快。但由于聚集索引将表的所有数据完全重新排列，它所需要的空间也就特别大，大概相当于表中数据所占空间的 120%。表的数据行只能以一种排序方式存储在磁盘上，所以一个表只能有一个聚集索引。

2. 非聚集索引

非聚集索引具有与表的数据完全分离的结构，使用非聚集索引不用将物理数据页中的数据按列排序。非聚集索引中存储了组成非聚集索引的关键字的值和行定位器。行定位器的结构和存储内容取决于数据的存储方式，如果数据是以聚集索引方式存储的，则行定位器中存储的是聚集索引的索引键。如果数据不是以聚集索引方式存储的，这种方式又称为堆存储方式(Heap Structure)，则行定位器存储的是指向数据行的指针。非聚集索引将行定位器按关键字的值用一定的方式排序，这个顺序与表的行在数据页中的排序是不匹配的。

由于非聚集索引使用索引页存储，因此它比聚集索引需要更多的存储空间，且检索效率较低。但一个表只能建一个聚集索引，当用户需要建立多个索引时，就需要使用非聚集索引了。从理论上讲，一个表最多可以建 249 个非聚集索引。

3. 聚集索引和非聚集索引的性能比较

每个表只能有一个聚集索引，因为一个表中的记录只能以一种物理顺序存放。但是，一个表可以有不止一个非聚集索引。

从建立聚集索引的表中取出数据要比建立非聚集索引的表快。当需要取出一定范围内的数据时，用聚集索引也比用非聚集索引好。

非聚集索引需要大量的硬盘空间和内存。另外，虽然非聚集索引可以提高从表中取数据的速度，它也会降低向表中插入和更新数据的速度。每当改变一个建立非聚集索引的表中的数据时，必须同时更新索引。因此对一个表建立非聚集索引时要慎重考虑。如果预计一个表需要频繁地更新数据，那么不要对它建立太多非聚集索引。另外，如果硬盘和内存空间有限，也应该限制使用非聚集索引的数量。

项目7.2　创 建 索 引

在 SQL Server 2005 中，有些索引是系统自动建立的，如当在表中添加一个主键，系统默认时会自动创建一个聚集索引。我们也可以通过手工的方式，使用 SSMS 或查询编辑器来创建索引。

任务7.2.1　使用 SSMS 创建索引

(1) 在 SSMS 平台，展开指定的服务器和数据库，选择要创建索引的表，展开该表，右击“索引”选项，从快捷菜单中选择“新建索引”命令，如图 7.1 所示，为学生信息表创建一个索引。

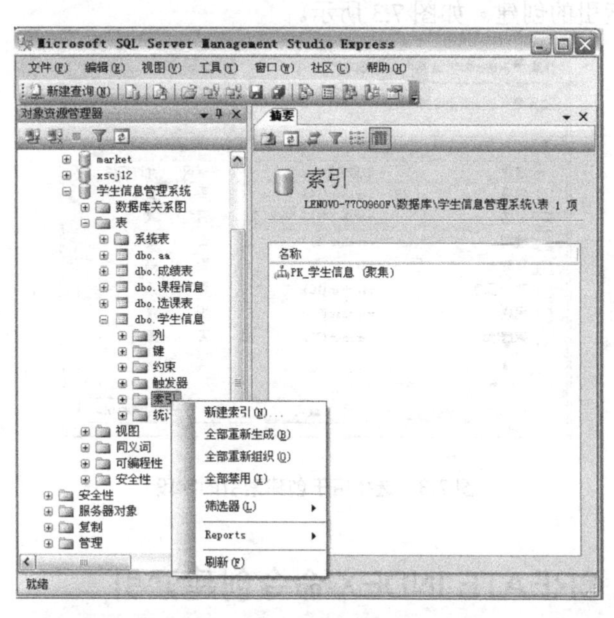

图7.1　选择“新建索引”命令

(2) 单击“新建索引”按钮，进入的“新建索引”对话框，在“索引名称”文本框中输入要创建的索引名称“in_st”，索引的类型为“非聚集”索引，如图 7.2 所示。

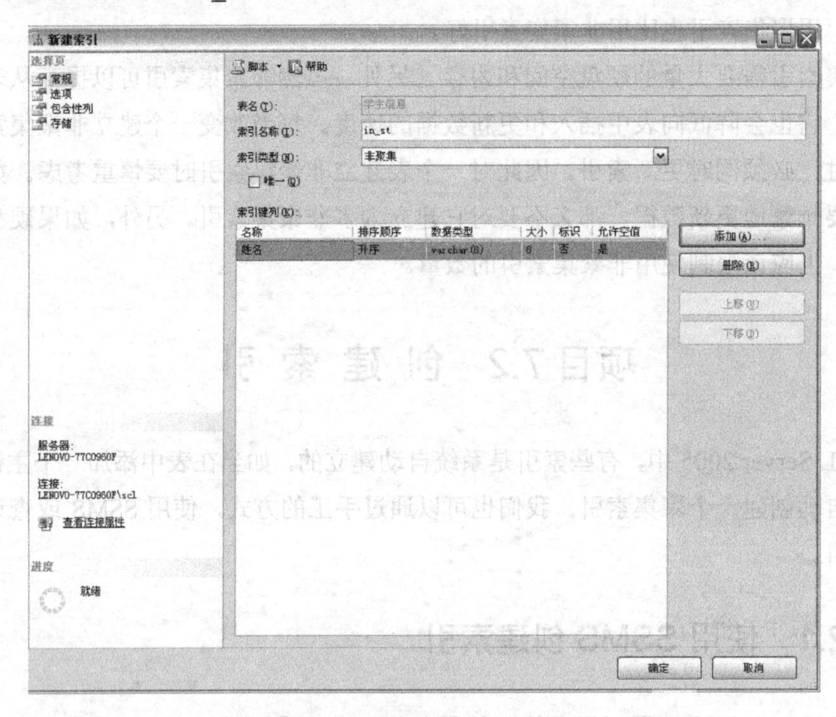

图 7.2 “新建索引”对话框

(3) 单击“添加”按钮，选择建立索引的列“姓名”，并设置索引的各种选项，单击“确定”按钮完成索引的创建。如图 7.3 所示。

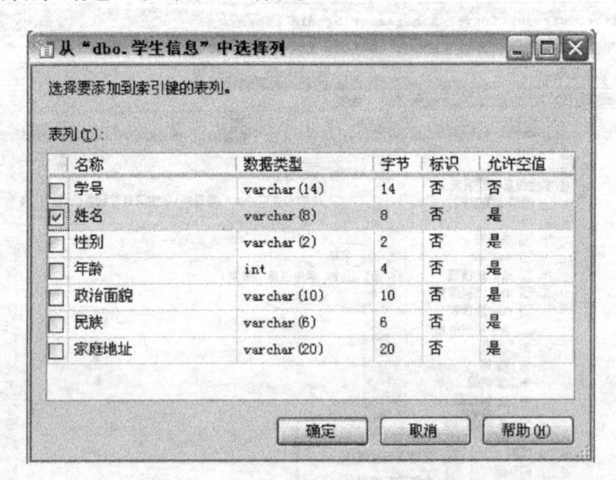

图 7.3 选择用于创建索引的字段

任务 7.2.2 用 CREATE INDEX 命令创建索引

利用 CREATE INDEX 语句可以创建索引的语法。一定要熟悉这个语法，因为索引是容易变动的数据库对象，经常会被删除和重建，以提高性能。

语法如下：

```
CREATE [UNIQUE] [CLUSTERED | NONCLUSTERED]
    INDEX index_name ON {表名 | 视图名 } 列名 [ ASC | DESC ] [,...n])
   [WITH
     [PAD_INDEX]
     [ [, ] FILLFACTOR = 填充因子]
         [ [, ] DROP_EXISTING]
     [ [, ] STATISTICS_NORECOMPUTE]
     [ [, ] SORT_IN_TEMPDB ]
   ]
[ON 文件组名]
```

各参数说明如下。

UNIQUE：创建一个惟一索引，即索引的键值不重复。在列包含重复值时，不能建惟一索引。如要使用此选项，则应确定索引所包含的列均不允许 NULL 值，否则在使用时会经常出错。

CLUSTERED：指明创建的索引为聚集索引。如果此选项缺省，则创建的索引为非聚集索引。

NONCLUSTERED：指明创建的索引为非聚集索引。

index_name：指定所创建的索引名称。在一个表中应是惟一的，但在同一数据库或不同数据库中可以重复。

表名 | 视图名：指定创建索引的表名称或视图名称。必要时还应指明数据库名称和所有者名称。索引如果建在视图上，视图必须是使用 SCHEMABINDING 选项定义过的。

ASC | DESC：指定特定的索引列的排序方式。默认值是升序 ASC。

列名：指定被索引的列。如果使用两个或两个以上的列组成一个索引，则称为复合索引。一个索引中最多可以指定 16 个列，但列的数据类型的长度和不能超过 900 个字节。

PAD_INDEX：指定填充索引的内部节点的行数至少应大于等于两行。PAD_INDEX 选项只有在 FILLFACTOR 选项指定后才起作用，因为 PAD_INDEX 使用与 FILLFACTOR 相同的百分比。

FILLFACTOR = fillfactor：FILLFACTOR 称为填充因子，它指定创建索引时每个索引页的数据占索引页大小的百分比。FILLFACTOR 的值为 1 到 100。对于那些频繁进行大量数据插入或删除的表，在建索引时应该为将来生成的索引数据预留较大的空间，即将 FILLFACTOR 设得较小，否则索引页会因数据的插入而很快填满并产生分页，而分页会大大增加系统的开销。但如果设得过小，又会浪费大量的磁盘空间，降低查询性能。因此对于此类表，通常设一个大约为 10 的 FILLFACTOR。

DROP_EXISTING：指定要删除并重新创建聚集索引。

SORT_IN_TEMPDB：指定用于创建索引的分类排序结果将被存储到 Tempdb 数据库

中。如果 Tempdb 数据库和用户数据库位于不同的磁盘设备上，那么使用这一选项可以减少创建索引的时间，但它会增加创建索引所需的磁盘空间。

ON 文件组名：指定存放索引的文件组。

【练习 7-1】为成绩表以成绩字段创建一个索引，要求按成绩从高到低排序，代码如下：

```
CREATE  INDEX  IN_成绩
  ON  成绩表(成绩 DESC)
```

【练习 7-2】为学生信息表基于“学号”和“姓名”创建一个非聚集索引：

```
CREATE  NONCLUSTERED  INDEX  IN_XM
 ON 学生信息(学号,姓名)
 with
 pad_index,
 fillfactor = 50
```

项目 7.3　查看与修改索引

任务 7.3.1　用 SSMS 查看和修改索引

在 SSMS 平台，展开指定的服务器和数据库，选择要创建索引的表，展开索引，选中建好的“索引”选项，从快捷菜单中选择“属性”命令。如图 7.4 所示，出现建好的“in_st”索引。在该索引属性界面查看并修改索引。

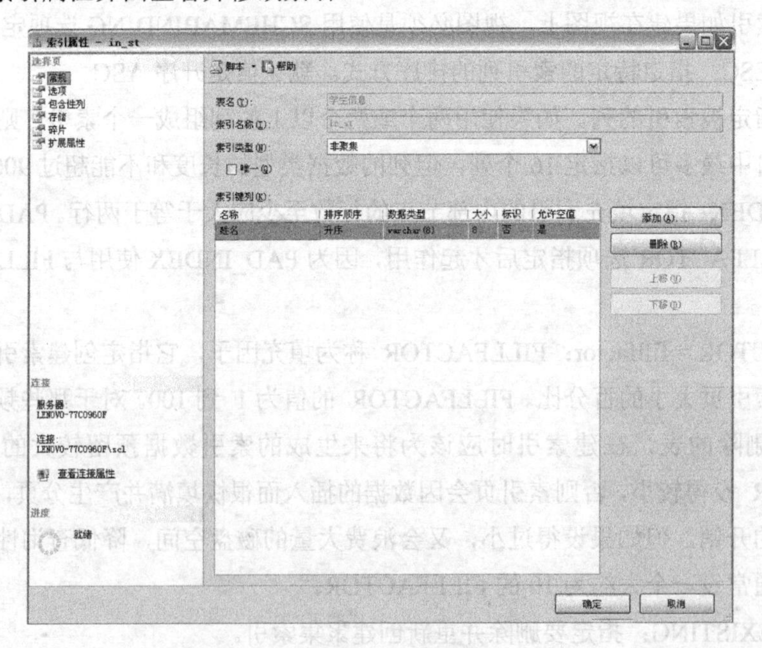

图 7.4　索引的属性界面

任务 7.3.2 删除索引

在 SSMS 平台，展开指定的服务器和数据库，选择要创建索引的表，展开索引，选中建好的“索引”选项，从快捷菜单中选择“删除”命令，如图 7.5 所示。

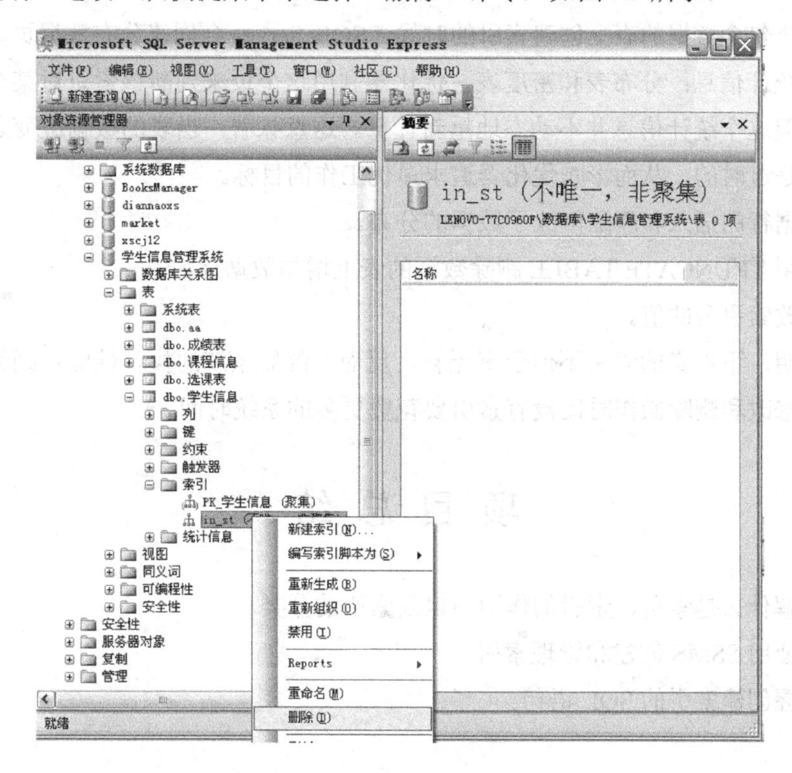

图 7.5 “删除”命令

任务 7.3.3 索引的维护

不合适的索引会影响到 SQL Server 的性能，随着应用系统的运行，数据不断地发生变化，当数据变化达到某一个程度时将会影响到索引的使用。这时需要用户自己来维护索引。

1. 重建索引

随着数据行的插入、删除和数据页的分裂，有些索引页可能只包含几页数据，另外应用在执行大块 I/O 的时候，重建非聚集索引可以降低分片，维护大块 I/O 的效率。在下面的情况下需要重建索引。

(1) 数据和使用模式大幅度变化。

(2) 排序的顺序发生改变。

(3) 要进行大量插入操作或已经完成。

(4) 由于大量数据修改，使得数据页和索引页没有充分使用而导致空间的使用超出估算。

当重建聚集索引时，这张表的所有非聚集索引将被重建。

2. 索引统计信息的更新

当在一个包含数据的表上创建索引的时候，SQL Server会创建分布数据页来存放有关索引的两种统计信息：分布表和密度表。优化器利用这个页来判断该索引对某个特定查询是否有用。但这个统计信息并不动态地重新计算。这意味着，当表的数据改变之后，统计信息有可能是过时的，从而影响优化器追求最优工作的目标。

(1) 数据行的插入和删除修改了数据的分布。

(2) 对用TRUNCATE TABLE删除数据的表上增加数据行。

(3) 修改索引列的值。

实践表明，不恰当的索引不但于事无补，反而会降低系统的执行性能。因为大量的索引在插入、修改和删除操作时比没有索引要花费更多的系统时间。

项 目 总 结

(1) 理解什么是索引、索引的作用，以及索引的分类。

(2) 会使用SSMS创建和管理索引。

(3) 掌握创建索引的SQL语句。

练 习 7

1. 选择题

(1) 下列哪些类型的索引总要对数据进行排序？(　　)

A. 聚集索引　　B. 非聚集索引

C. 组合索引　　D. 惟一索引

(2) 一个表最多允许拥有多少个非聚集索引？(　　)

A. 一个　　B. 249

C. 250　　D. 没有限制

(3) 一个组合索引最多可包含多少列？(　　)

A. 2　　B. 4

C. 8　　D. 16

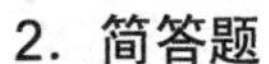

2．简答题

(1) 简单描述一下索引的作用。

(2) 聚集索引和非聚集索引有何不同？

(3) 什么情况下需要重建索引？

实　训　7

第一部分　上机任务

对学生信息管理系统数据库表建立索引，提高查询速度。

训练技能点：

(1) 使用 SSMS 窗口创建索引。

(2) 使用语句 CREATE INDEX 命令创建索引。

第二部分　任务实现

任务 1　为学生信息表按“家庭地址”创建索引

掌握要点：

(1) 使用 SSMS 窗口创建索引。

(2) 掌握创建索引的数据类型。

任务说明：

创建一个非聚集索引 in_dz。

实现思路：

(1) 学生信息表中存储着学生信息，其中包括“家庭地址”列。

(2) 在 SSMS 窗口创建索引，熟悉创建索引的方法。

实现步骤：

(1) 启动 SSMS，展开学生信息管理系统数据库，选中“索引”右击，在弹出的快捷菜单上选择“新建”→“索引”命令。

(2) 弹出创建索引窗口，按照要求完成。

任务 2　在成绩表中按照“成绩”和“学号”创建索引

任务说明：

(1) 使用命令创建索引。

(2) 用两个字段建立复合索引。

创建索引 in_xh，要求“学号”按升序排列，“成绩”按降序排列。

实现思路：

(1) 成绩表中存储着学生的学号和所选课程的成绩信息。

(2) 创建索引用 CREATE INDEX 命令。

(3) 先检查语法，并执行 SQL 语句。

参考代码：

```
CREATE  INDEX in_xh
ON 成绩表(学号 asc, 成绩 desc)
```

第三部分　作业

作业　在学生信息管理系统创建索引

(1) 在成绩表中按照“学号”和“课程编号”创建一个索引。

(2) 在学生信息表中按照“性别”创建一个非惟一索引。

(3) 在成绩表中按照成绩创建索引，要求按照成绩降序排列。

项目8 学生信息管理系统的安全性

学习任务：

- 数据库的权限管理。
- 备份和还原数据库。

技能目标：

- 创建学生信息管理系统数据库的登录账户。
- 创建数据表的用户。
- 设置数据表用户的权限。
- 学生信息管理系统的备份和还原。

课前预习：

- SQL Server 2005 的权限管理主要设置了哪几道关卡？
- SQL Server 2005 有哪几种数据备份方式？

项目描述：

技术培训中心最近招收了一名新员工，该员工主要负责对“学生信息管理系统”数据库信息的维护。该员工对该数据库的具体权限为：能对“学生信息管理系统”数据库的所有表具有查询权限，对“选课”表具有插入和更新的权限。在数据库的运行过程中，难免会出现计算机系统的软、硬件故障，这些故障会影响数据库中数据的正确性，甚至破坏数据库，使数据库中全部或部分数据丢失。因此，数据库的关键技术在于建立冗余数据，即备份数据。

造成系统数据破坏、丢失的原因很多，有些还往往被人们忽视。正确分析威胁数据安全的因素，及时备份数据，能使系统的安全防护更有针对性。

为此，数据库开发人员小王首先对 SQL Server 2005 进行了正确配置，以使该员工的主机能够访问 SQL Server 2005 服务器，随后他为该新员工创建了一个登录账号，并把该登录账号添加为“选课”的数据库用户，最后授予该数据库用户对所有表的 SELECT 权限、对“选课”表具有 INSERT 和 UPDATE 权限。并且，为了防止数据丢失，还对数据库进行定期备份。

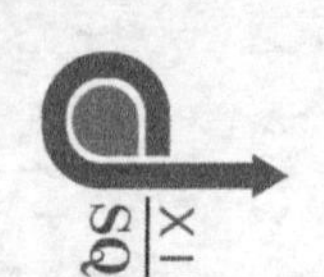

项目目标：

通过使用“学生信息管理系统”数据库，掌握数据的安全管理；掌握数据库登录方式；能通过用户管理多个表中的数据，并对数据库进行备份，保证数据库中数据的安全性。

项目 8.1　SQL Server 的管理权限

小王住在一个高档小区，安保措施非常到位，根本不用担心家里被盗。如果您希望进入小王的家，需要经过三道关。

第一关：需要通过小区的门卫检查，进入小区。

第二关：到了小王所在的单元楼门前，还需要单元门的钥匙或门铃密码。

第三关：进入单元门后，还需要小王房间的钥匙。

数据库就像小区一样，保证里面数据的安全显得尤为重要，对于一个数据库管理员来说，安全性就意味着他必须保证那些具有特殊数据访问权限的用户能够登录到 SQL Server，并且能够访问数据以及对数据库对象实施各种权限范围内的操作；同时，他还要防止所有的非授权用户的非法操作。

SQL Server 提供了既有效又容易的安全管理模式，类似于小区的三道关卡(见图 8.1)。

第一关：我们需要登录到 SQL Server 系统，即需要登录账户。

第二关：我们需要访问某个数据库(相当于我们的单元楼)，即需要成为该数据库的用户。

第三关：我们需要访问数据库中的表(相当于打开房间)，即需要数据库管理员给予授权，如增添、修改、删除、查询等权限。

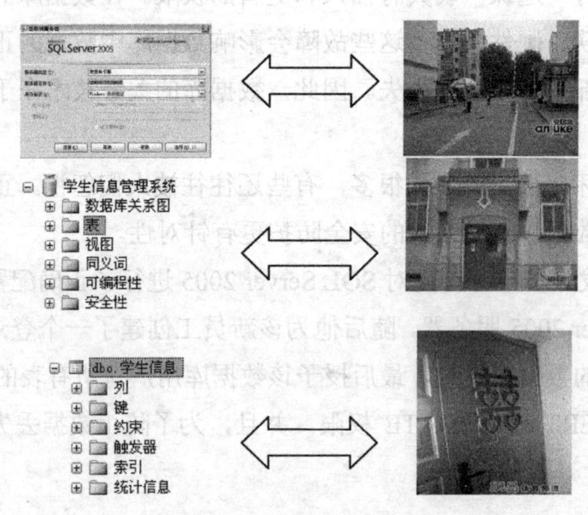

图 8.1　数据库管理权限

任务 8.1.1　登录 SQL Server 2005

任何用户在使用 SQL Server 2005 数据库之前，必须经过系统的安全身份验证。“安全身份验证”用来确认登录 SQL Server 2005 的用户的登录账号和密码的正确性，由此来验证该用户是否具有连接 SQL Server 2005 的权限。

SQL Server 2005 提供了两种确认用户对数据库引擎服务的验证模式：

- Windows 身份验证
- SQL Server 身份验证

1. Windows 身份验证

SQL Server 2005 数据库系统通常安装在 Windows 服务器上，而 Windows 作为网络操作系统，本身就具备管理登录、验证用户合法性的能力，因此 Windows 验证模式(见图 8.2)直接使用 Windows 的用户名和口令。换句话说，用户只要能进入 Windows 操作系统，便可连接到 SQL Server 2005。

图 8.2　Windows 身份验证

2. SQL Server 身份验证

在该认证模式下(见图 8.3)，用户在连接 SQL Server 时必须提供登录名和登录密码，与 Windows 的登录账号无关，SQL Server 自身执行认证处理。

3. 如何创建登录账户

使用 Windows 身份验证模式进入 SQL Server 2005，在“数据库”节点的下方找到“安全性”→“登录名”，如图 8.4 所示。

账户 sa 是 SQL Server 2005 提供的默认账户，密码为空。为了防止黑客远程连接数据库，建议您设置复杂度较高的密码。右击 sa 账户，在弹出快捷菜单中选择“属性”命令，出现登录属性设置对话框(见图 8.5)，键入新的密码。

图 8.3　SQL Server 身份验证

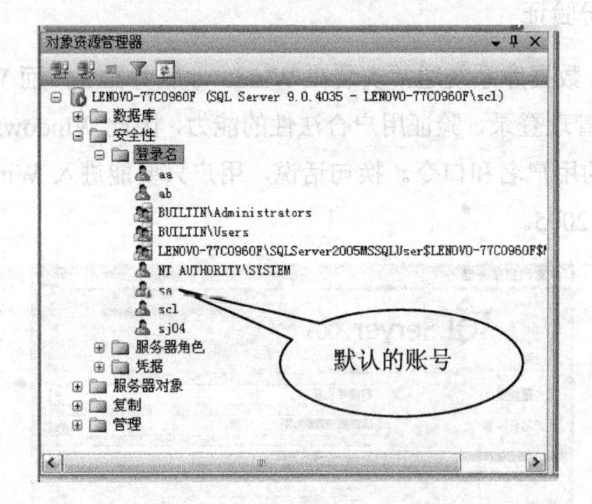

图 8.4　SQL Server 的登录名

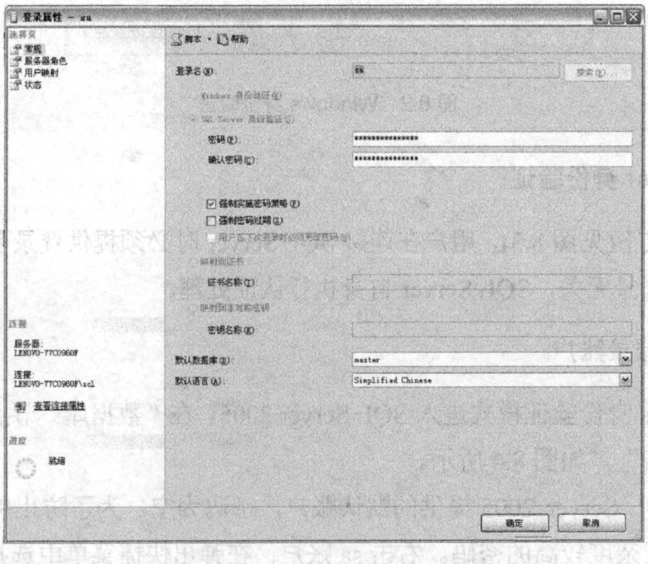

图 8.5　设置账户密码

如果您要创建自己的账户，请在“登录名”节点右击，弹出快捷菜单，如图 8.6 所示。

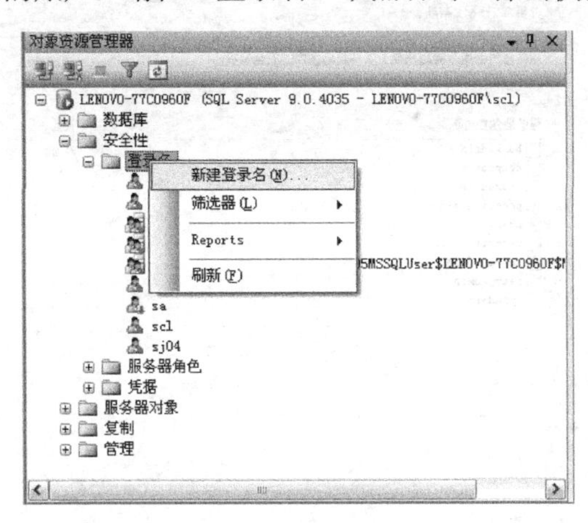

图 8.6　快捷菜单

在快捷菜单中选择“新建登录名”命令，进入“登录名 - 新建”对话框(见图 8.7)，选择“SQL Server 身份验证”，输入登录名“student”，输入密码后，单击“确定”按钮，就创建了一个新用户。

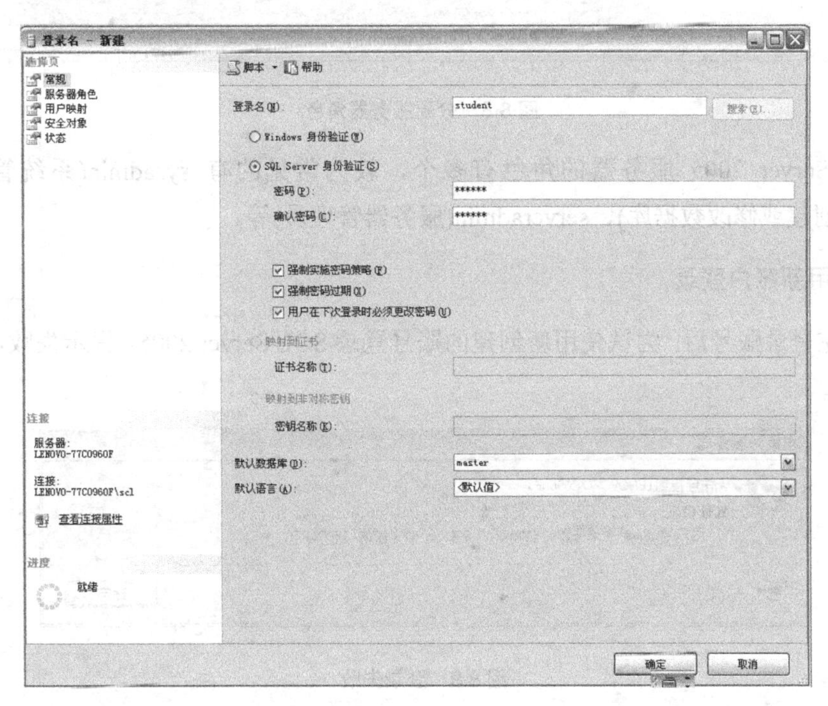

图 8.7　新建登录新账户

4. 为新账户设置服务器角色

默认情况下，新创建的账户没有分配任何角色。打开账户的属性对话框，选择对话框左边的“服务器角色”选项，如图 8.8 所示。

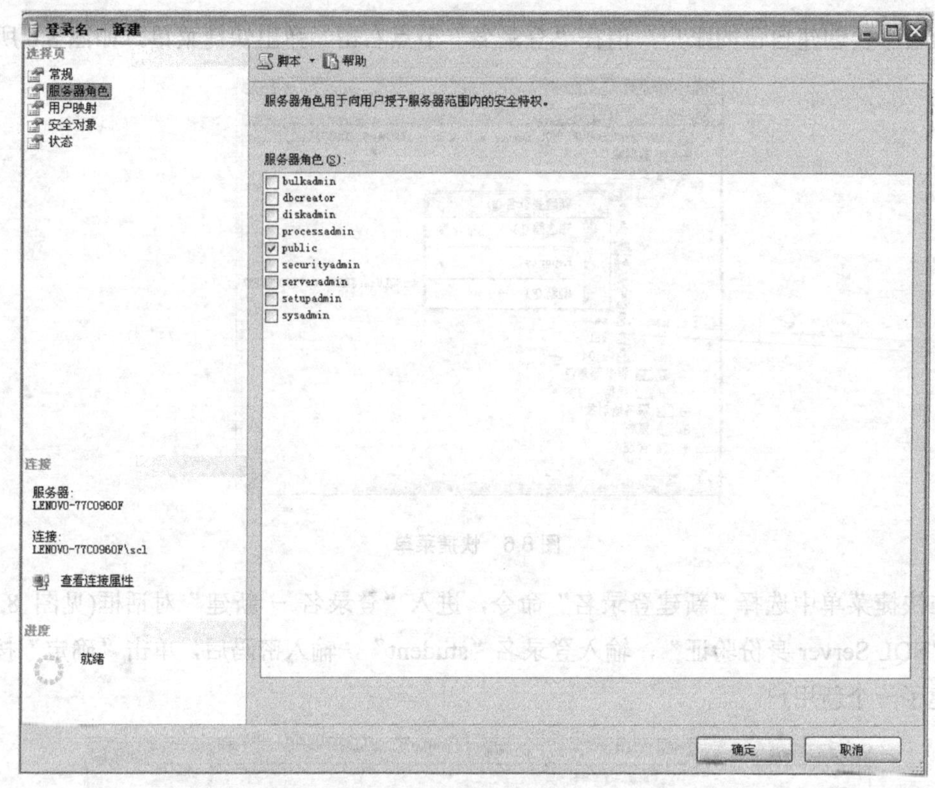

图 8.8 分配服务器角色

SQL Server 2005 服务器的角色有多个，较为常见的有 sysadmin(系统管理员)、dbcreator(创建或修改数据库)、serveradmin(服务器管理员)等。

5. 使用新账户登录

创建完登录账号后，尝试使用新创建的账号登录 SQL Server 2005，提示失败，如图 8.9 所示。

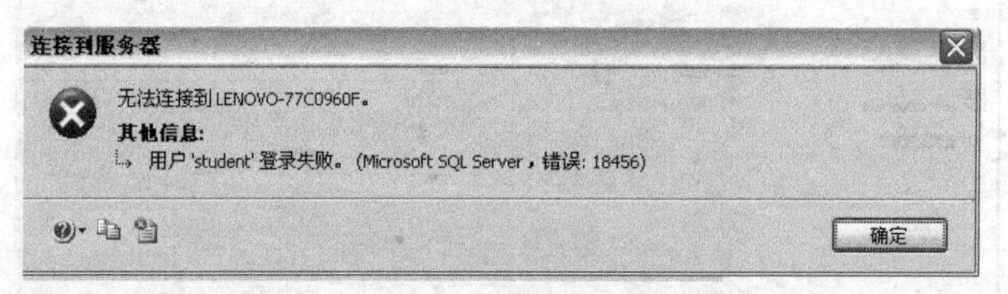

图 8.9 登录失败

SQL Server 2005 安装后默认只执行 Windows 身份验证，如果要改变默认的验证模式，首先要以 Windows 身份验证模式进入 SQL Server 管理平台，右击数据库服务器，如图 8.10 所示。在 SQL Server 属性对话框中，选择“安全性”选项，在“服务器身份验证”选项组中选中“SQL Server 和 Windows 身份验证模式”单选按钮，如图 8.11 所示。

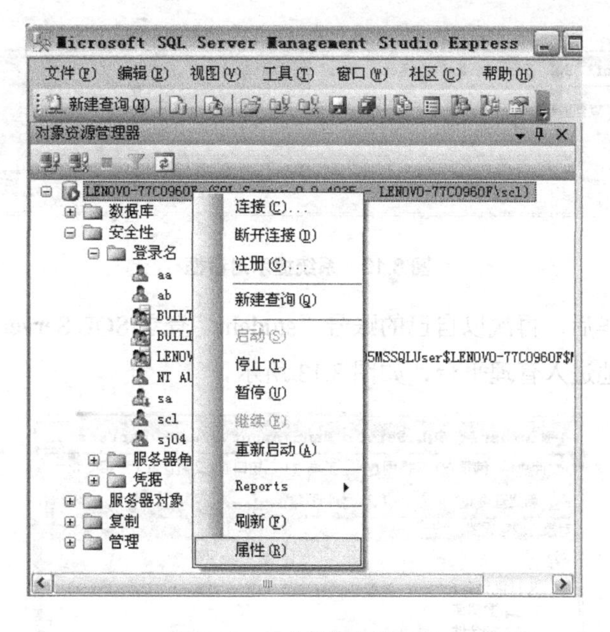

图 8.10　右击数据库服务器

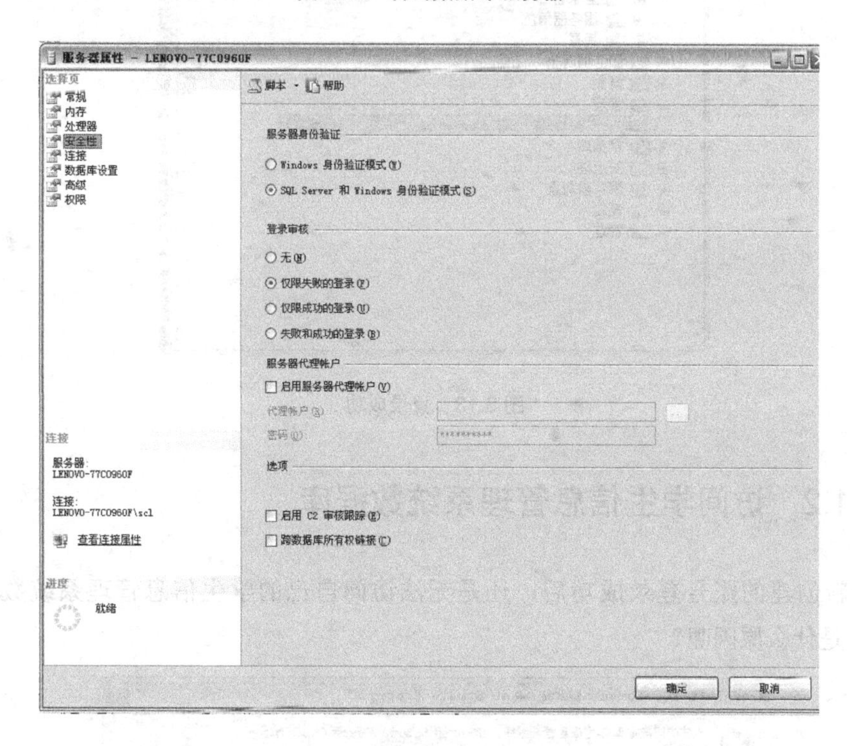

图 8.11　更改登录的验证模式

单击“确定”按钮后，系统会弹出一个提示对话框，如图 8.12 所示，建议重新启动 SQL Server 服务，新的配置才会起作用。

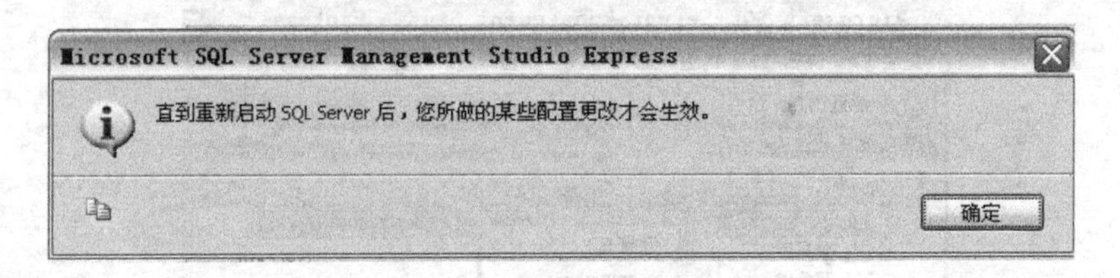

图 8.12　系统提示对话框

一切都处理完毕后，再次以自己的账号“student”登录 SQL Server 2005，系统验证通过，终于如愿以偿地进入管理平台，如图 8.13 所示。

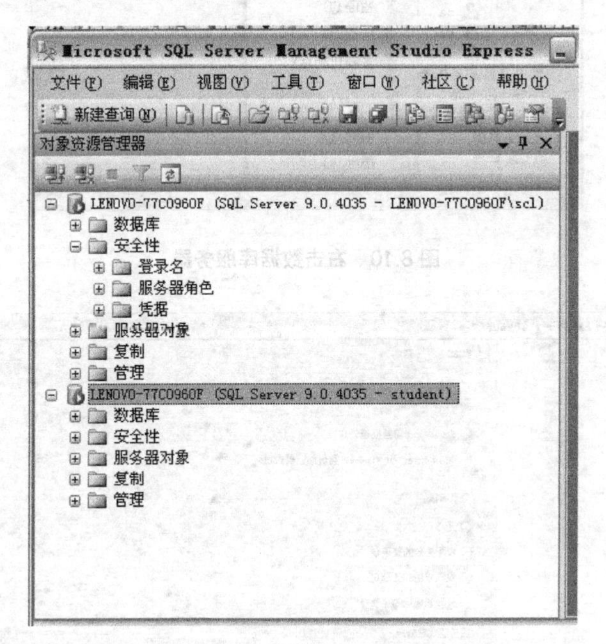

图 8.13　登录成功

任务 8.1.2　访问学生信息管理系统数据库

使用新创建的账号登录成功后，还是无法访问自己的学生信息管理系统数据库(见图 8.14)，是什么原因呢？

图 8.14　无法访问数据库

小王有点丈二的和尚——摸不着头脑，这是以前从没有发生的。回想一下，原来以前都是以 sa 账户登录，或者是以 Windows 身份验证进入 SQL Server 2005 管理平台的。

SQL Server 2005 是这样规定的：以 Windows 身份或 sa 账户登录成功的，有无限的权利，可以顺利通过第二关、第三关，属于数据库的超级管理员。由超级管理员创建的登录账户属于普通管理员，默认情况下只能通过第一关，如图 8.15 所示。

图 8.15　管理员权限

任务 8.1.3　创建数据库的用户

以新账户访问学生信息管理系统数据时，相当于进入小区的某个单元，必须有钥匙或者门铃密码。访问数据的“钥匙”当然要由超级管理员给您配置。

以 Windows 身份或以 sa 账户登录 SQL Server 2005 的管理平台后，展开学生信息管理系统节点，就会发现有个“安全性”→“用户”的节点，这里可以创建学生信息管理系统的新用户。右击“用户”节点，弹出快捷菜单，如图 8.16 所示。

图 8.16　快捷菜单

选择“新建用户”菜单命令，打开“数据库—新建”对话框，输入用户名“st1”，选择登录名(当然要选择 student)，最后单击“确定”按钮即可，如图 8.17 所示。

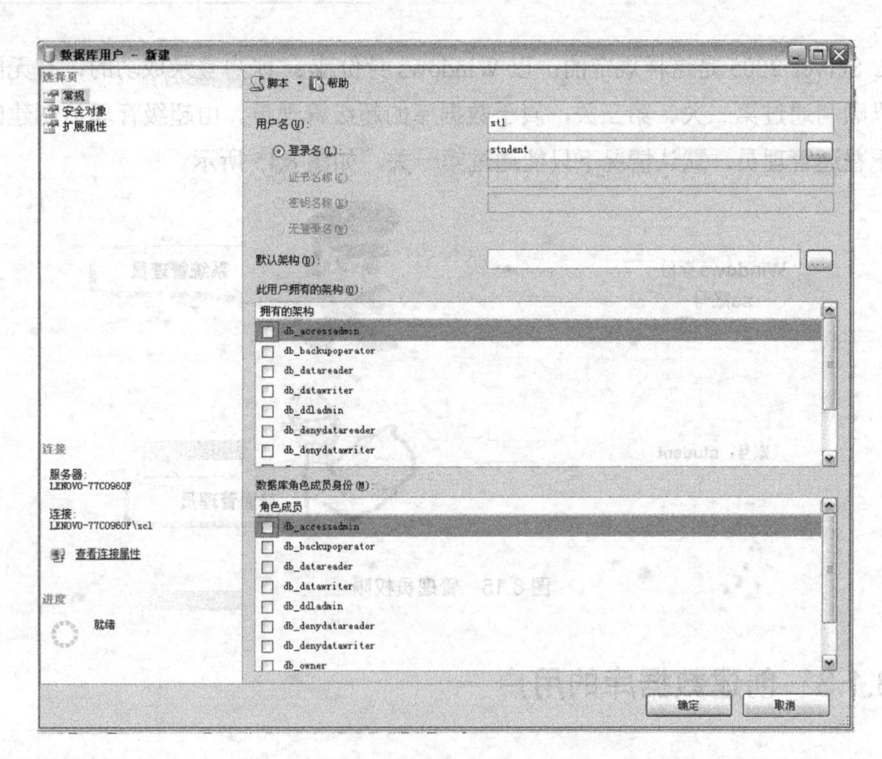

图 8.17 新建数据库用户

新创建的用户名 st1 就是登录者 student 进入数据库学生信息管理系统的“钥匙”，如图 8.18 所示。

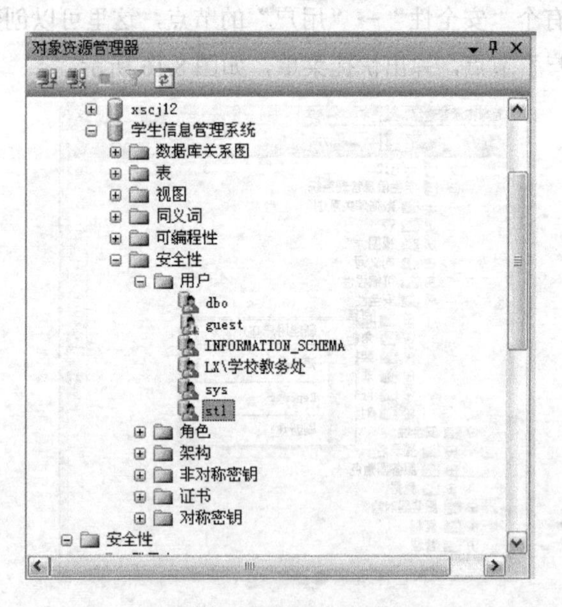

图 8.18 新建的数据库用户

小王再次以 student 的账户登录 SQL Server 2005，然后访问学生信息管理系统数据库，成功了。如图 8.19 所示。

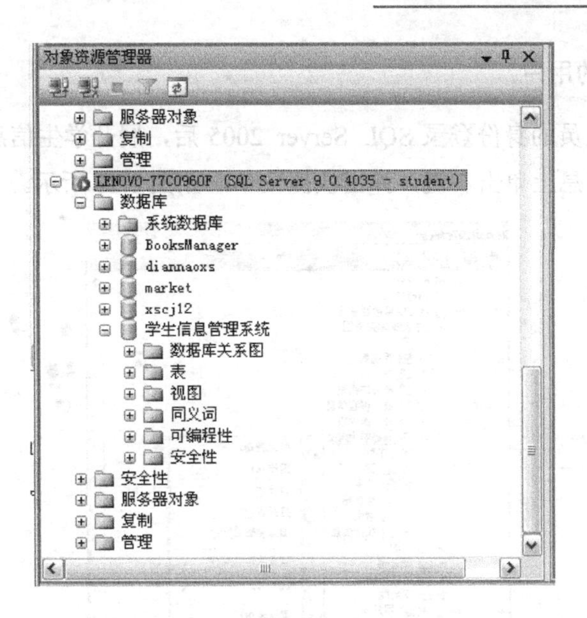

图 8.19 成功访问学生信息管理系统数据库

小王又试图访问其他的数据库，结果被挡在了“门”外，如图 8.20 所示。

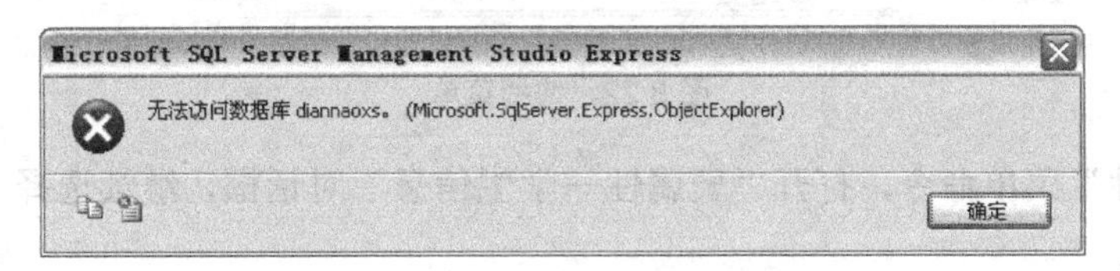

图 8.20 访问数据库 diannaoxs 失败

任务 8.1.4 访问数据表

成功访问学生信息管理系统数据库后，发现除了系统表，用户表都消失了，如图 8.21 所示。

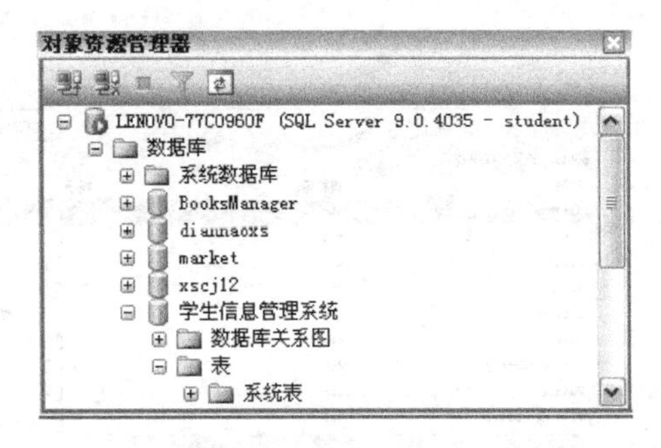

图 8.21 用户表消失

到目前为止，我们只是顺利通过第一关、第二关的检查，第三关就是访问数据表，小王还没有相应的权限，当然看不到数据表了。

1. 创建数据表的用户

重新以超级管理员的身份登录 SQL Server 2005 后，展开学生信息管理系统数据库节点，在数据表学生信息上单击右键，弹出快捷菜单，如图 8.22 所示。

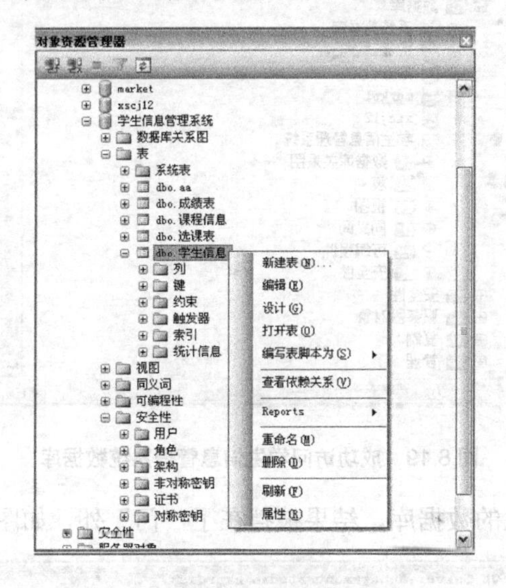

图 8.22　快捷菜单

选择“属性”菜单命令，打开“表属性—学生信息”对话框，继续选择“权限”选项，如图 8.23 所示。

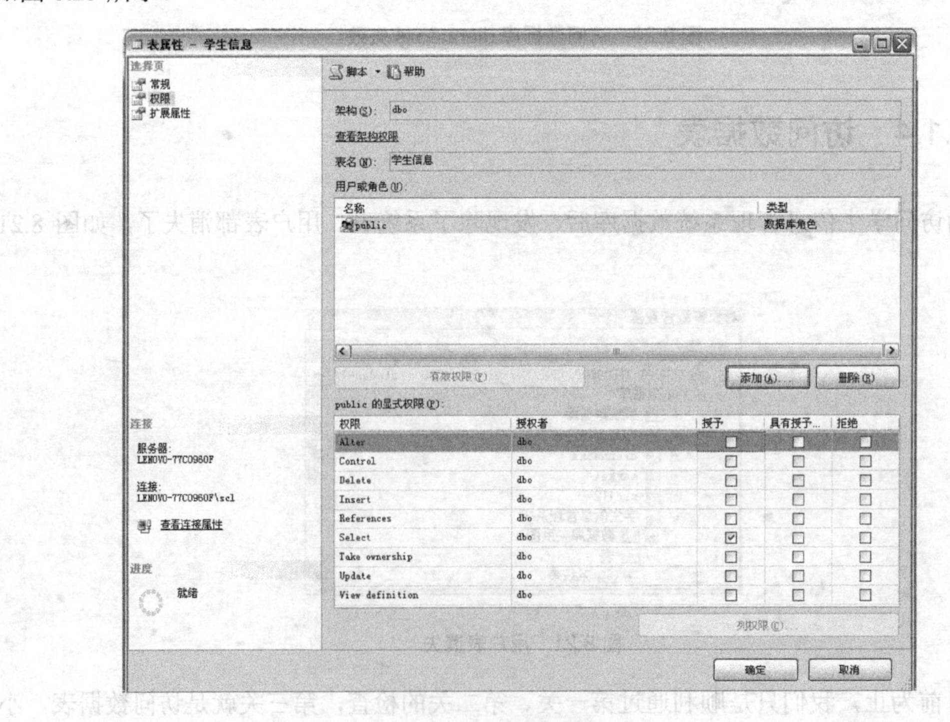

图 8.23　数据表属性

单击“添加”按钮，将会出现如图 8.24 所示的对话框。

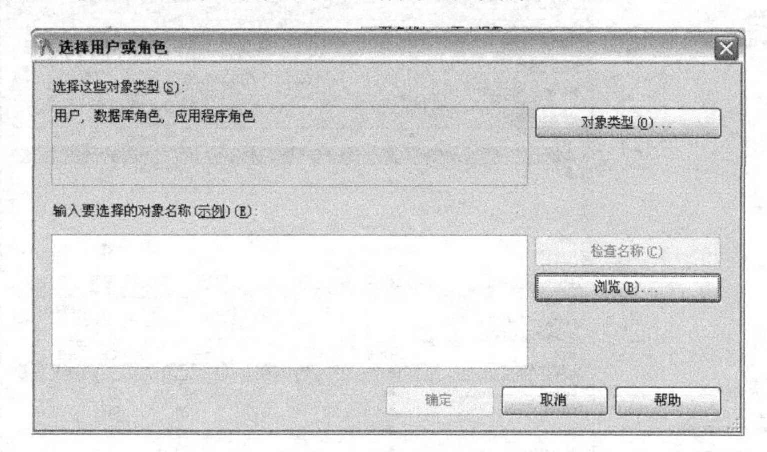

图 8.24 查找用户

单击“浏览”按钮，将会出现如图 8.25 所示的对话框。添加访问学生信息数据表的用户。

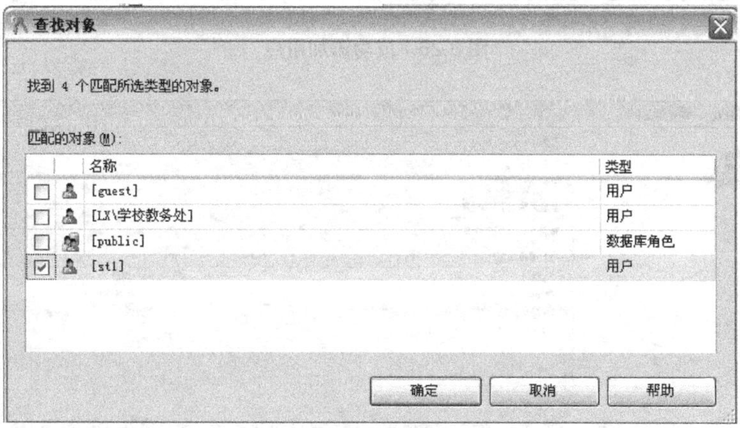

图 8.25 选择用户

在图 8.25 中选择数据库的用户 st1，单击“确定”按钮，将成功添加用户 st1，如图 8.26 所示。

用户建好后，操作学生信息数据表的权限很多，有查询、添加、修改、删除等，超级管理员可以把部分或全部权限赋予账户 st1，如图 8.27 所示。

数据表的访问权限主要有 Control(任何操作)、Delete(删除)、Insert(添加)、Sclect(查询)、Update(更改数据)等。

得到了超级管理员赋给的权限，小王重新登录 SQL Server 2005，发现数据库学生信息管理系统中已经能出现学生信息数据表了，如图 8.28 所示。

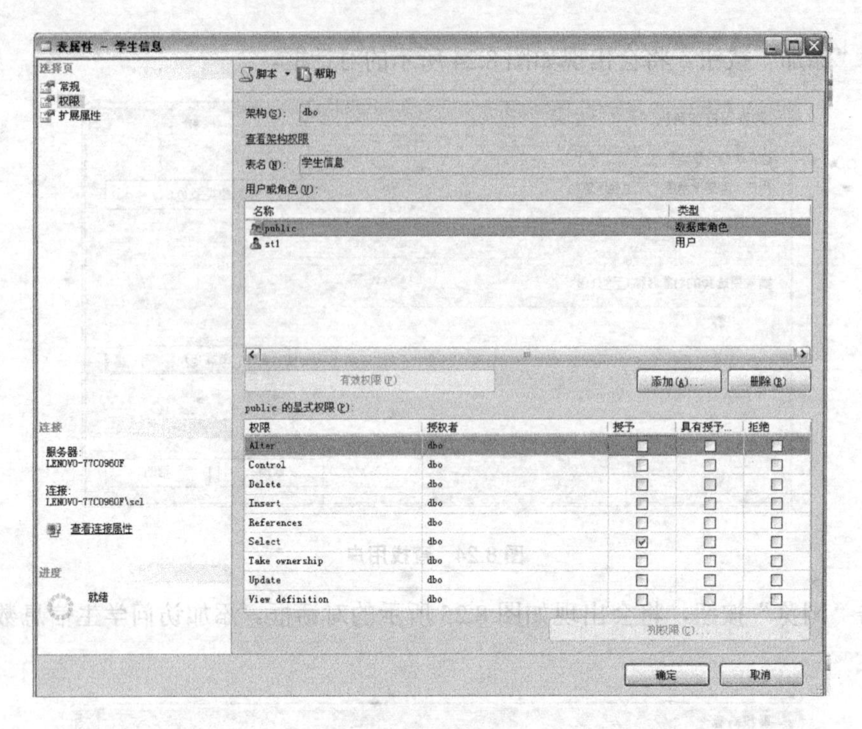

图 8.26 成功添加用户

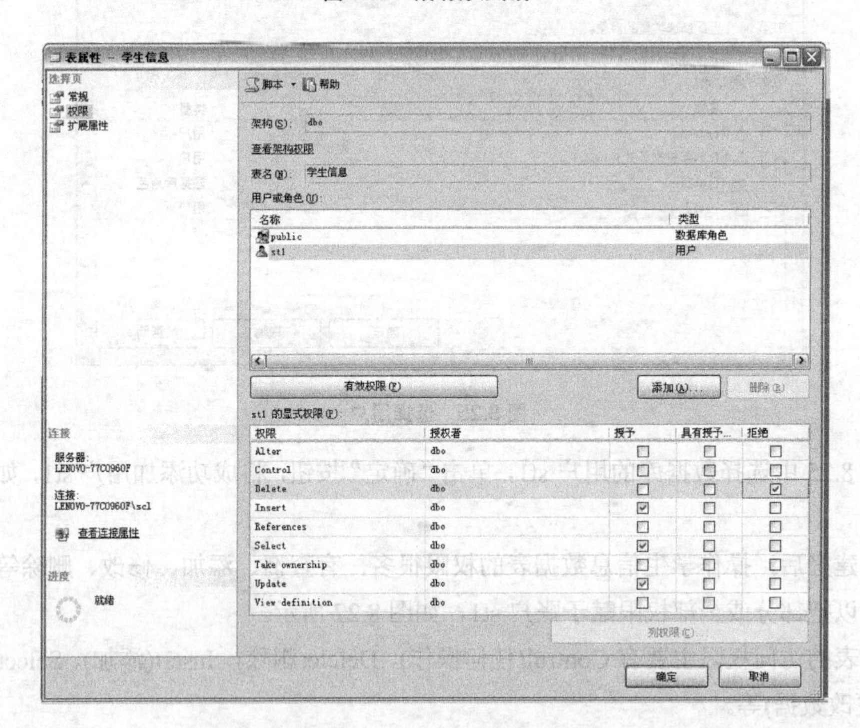

图 8.27 为 st1 账户赋予权限

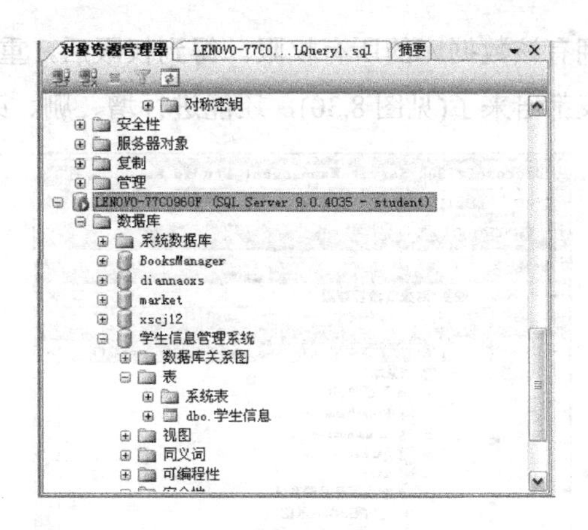

图 8.28 账号 st1 拥有访问学生信息的权限

2. 设置数据库中全部数据表的所有权限

学生信息管理数据库中有多个数据表，在权限要求不太严格的时候，允许数据库用户对数据库所有数据表进行全部操作(增、删、改、查等)。如果按照上面的方法，需要超级管理员对每个数据表都要添加用户并赋予权限。有没有更加简便的方法呢？

重新以超级管理员的身份登录 SQL Server 2005，在学生信息管理数据库的用户中找到用户名 st1，重新进入属性设置，在数据库角色成员身份中选择“db_owner”，如图 8.29 所示。

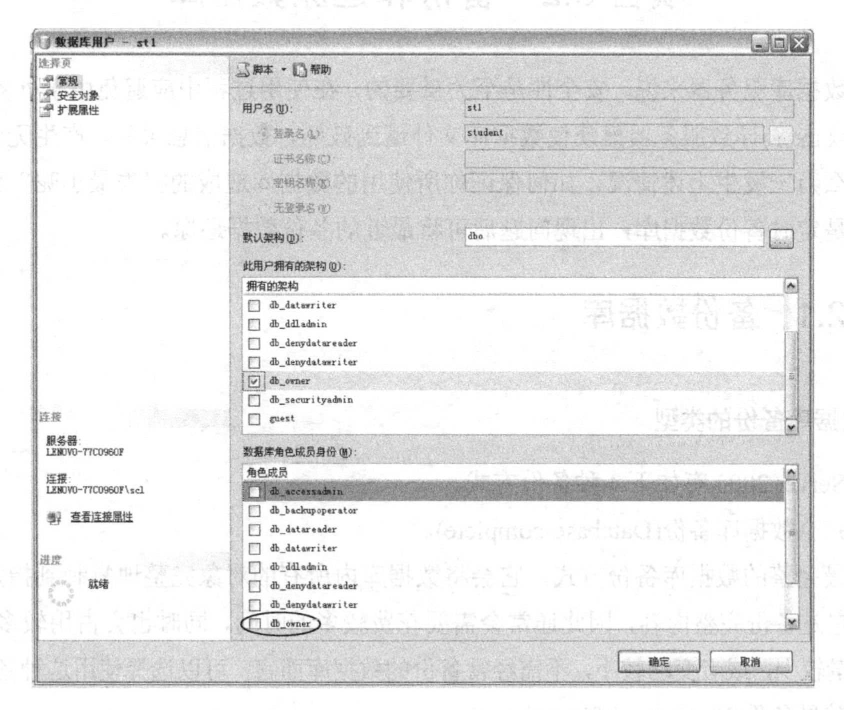

图 8.29 指定数据库用户的角色

“db_owner”表示拥有该数据库的所有权限。得到权限后，重新进入学生信息管理系统数据库，全部的数据表都出来了(见图 8.30)，还能进行增、删、改、查的操作。

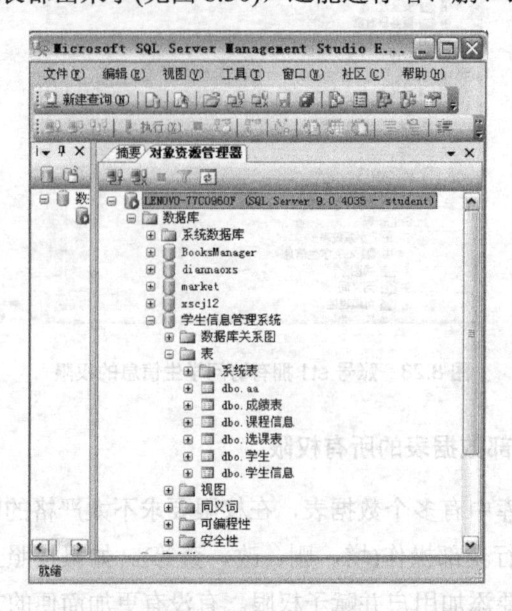

图 8.30　账号 st1 拥有学生信息管理系统的所有权限

项目 8.2　备份和还原数据库

对于数据库服务器来说，安全性是至关重要的，在使用过程中应避免由于外界因素(病毒、黑客攻击等)导致服务器瘫痪使数据库文件遭到破坏，数据信息丢失，产生无法估量的损失。那么万一发生上述情况，如何保证你所使用的数据库造成的损失最小呢？比较常用的方法就是定时备份数据库，出现问题后可将最近的备份数据还原。

任务 8.2.1　备份数据库

1. 数据库备份的类型

SQL Server 2005 有如下 4 种备份方式。

(1)　完全数据库备份(Database-complete)。

这是最完整的数据库备份方式，它会将数据库内所有的对象完整地复制到指定的设备上。由于它是备份完整内容，因此通常会需要花费较多的时间，同时也会占用较多的空间。对于数据量较少，或者变动较小，不需经常备份的数据库而言，可以选择使用这种备份方式。

(2)　差异备份(Database-differential)。

数据库差异备份只会针对自从上次完全备份后有变动的部分进行备份处理，这种备份模式必须搭配完全数据库备份一起使用，最初的备份使用完全备份保存完整的数据库内容，之后则使用差异备份，只记录有变动的部分。由于数据库差异备份只备份有变动的部分，因此比起完全数据库备份来说，通常它的备份速度会比较快，占用的空间也会比较少。对于数据量大且需要经常备份的数据库，使用差异备份可以减少数据库备份的负担。

若是使用完全备份搭配差异备份来备份数据库，则在还原数据库的内容时，必须先加载前一个完全备份的内容，然后再加载差异备份的内容。例如，假设我们每天都对数据库“学生信息管理系统”做备份，其中星期一到星期六做的是差异备份，星期天做完全备份，当星期三发现数据库有问题，需要将数据库还原到星期二的状况时，我们必须先将数据库还原到上星期天完全备份，然后再还原星期二的差异备份。

(3) 事务日志备份(Transaction log)。

事务日志备份与数据库差异备份非常相似，都是备份部分数据内容，只不过事务日志备份是针对自从上次备份后有变动的部分进行备份处理，而不是针对上次完全备份后的变动。

若是使用完全备份配合事务日志来备份数据库，则在还原数据库内容时，必须先加载前一个完全备份的内容，然后再按顺序还原每一个事务日志备份的内容。

(4) 数据库文件和文件组备份(File and filegroup)。

这种备份模式是以文件和文件组作为备份的对象，可以针对数据库特定的文件或特定文件组内的所有成员进行数据备份处理。不过在使用这种备份模式时，应该搭配事务日志备份一起使用，因为当我们在数据库中还原部分的文件或文件组时，也必须还原事务日志，使得该文件能够与其他的文件保持数据一致性。

2. 使用 SSMS 创建与删除备份设备

(1) 启动 SSMS，在对象资源管理器下展开“服务器对象”，选择 “备份设备”，以鼠标右键单击，从快捷菜单中选择“新建备份设备”命令，如图 8.31 所示。

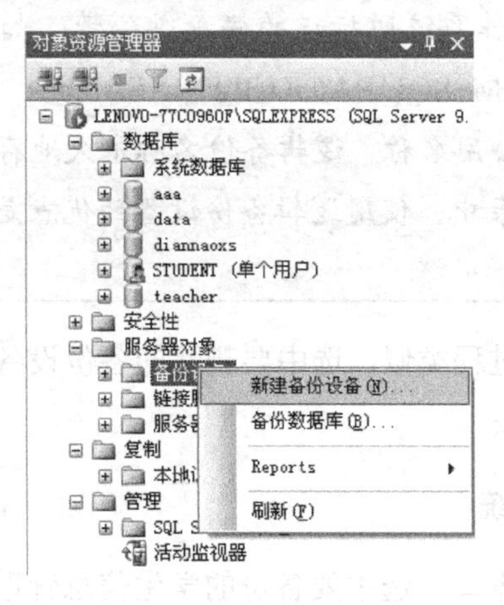

图 8.31 新建备份设备操作

(2) 在“备份设备”对话框的“设备名称”文本框中输入备份设备名，比如“DNXSBF”，文件文本框中会自动生成包括默认路径的物理文件名，C:\Program Files\Microsoft SQL Server\ MSSQL.1\MSSQL\BACKUP\DNXSBF.bak，如图 8.32 所示。

用户可以自行设置存放路径，单击“确定”按钮即创建了备份设备“DNXSBF”。

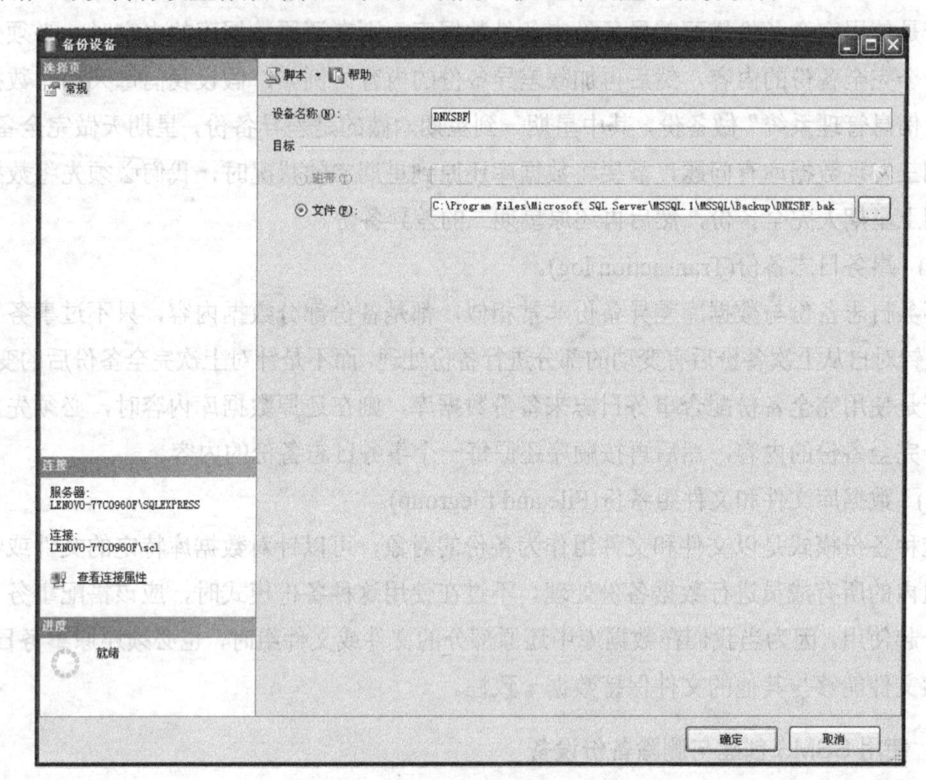

图 8.32　新建备份设备属性对话框

注意：物理备份设备是指操作系统所标识的磁盘或磁带，如 C:\Program Files\Microsoft SQL Server\MSSQL.1\MSSQL\BACKUP\DNXSBF.bak。逻辑备份设备是用来标识物理备份设备的别名或公用名称。逻辑备份名称永久地存储在 MASTER 数据库下的 SYSYDEVICES 系统表中。使用逻辑备份设备的优点是引用它比引用物理设备名称简单。

删除备份设备与创建的过程类似，选中要删除的备份设备右击，在弹出的快捷菜单中选择“删除”命令即可删除。

3. 备份学生信息管理系统

在 SSMS 平台，展开数据库，选中要备份的学生信息管理系统数据库，在弹出的快捷菜单中选择“任务”→“备份”命令，打开“备份数据库”对话框，如图 8.33 所示。

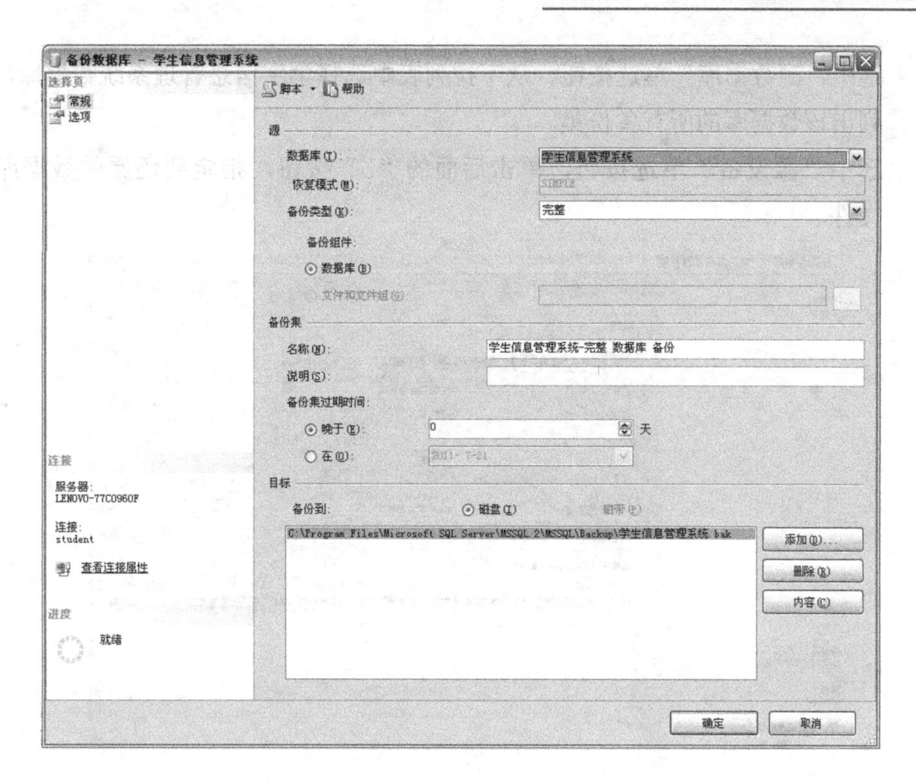

图 8.33　备份数据库

默认备份到SQL Server安装目录的BACKUP文件夹中，其中备份文件的扩展名为.bak。其中备份路径可以重新指定，先单击“删除”按钮删除默认路径，再单击“添加”按钮指定新的备份路径，最后单击“确定”按钮完成数据库的备份。

任务 8.2.2　还原学生信息管理系统

有几种数据库的备份方式，就有几种还原数据库的方式。无论是完整备份还是差异备份，第一步都要先做完整备份的还原。完整备份的还原只需要还原完整备份文件即可。差异备份的还原一共需要两个步骤，第一步骤先还原完整备份，第二步还原最后一个差异备份。例如在每个周日做一次完整备份，周一到周六每天下班前做一次差异备份，如果在某个周四发生了数据库故障，那么做差异备份的还原就应该先还原最近一个周日做的完整备份，然后还原周三做的差异备份。

1. 完整备份的还原

右击要还原的数据库，在弹出的快捷菜单里选择“任务”→“还原”→“数据库”(如果该数据库已经不存在，可以在“数据库”节点上右击)命令，选择“还原数据库”，打开“还原数据库”对话框，有两个选项卡：常规和选项(见图 8.34 和图 8.35)。

有两种方法可以列出要还原的备份文件：

- 选中“源数据库”单选按钮，从下拉列表中选择学生信息管理系统数据库，就会列出该数据库的所有备份集。
- 选中“源设备”单选按钮，单击后面的“..”按钮，指定要还原的数据库备份文件。

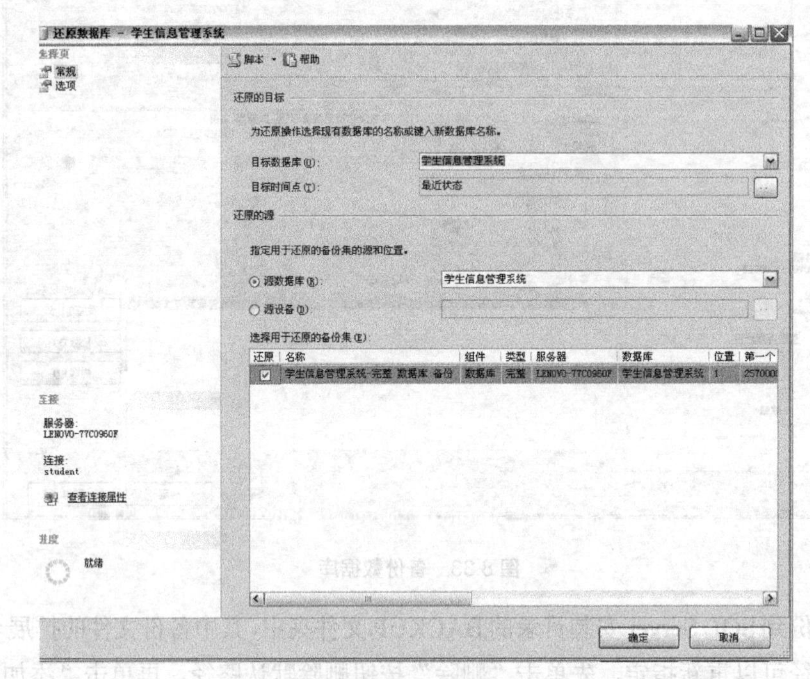

图 8.34　还原数据库

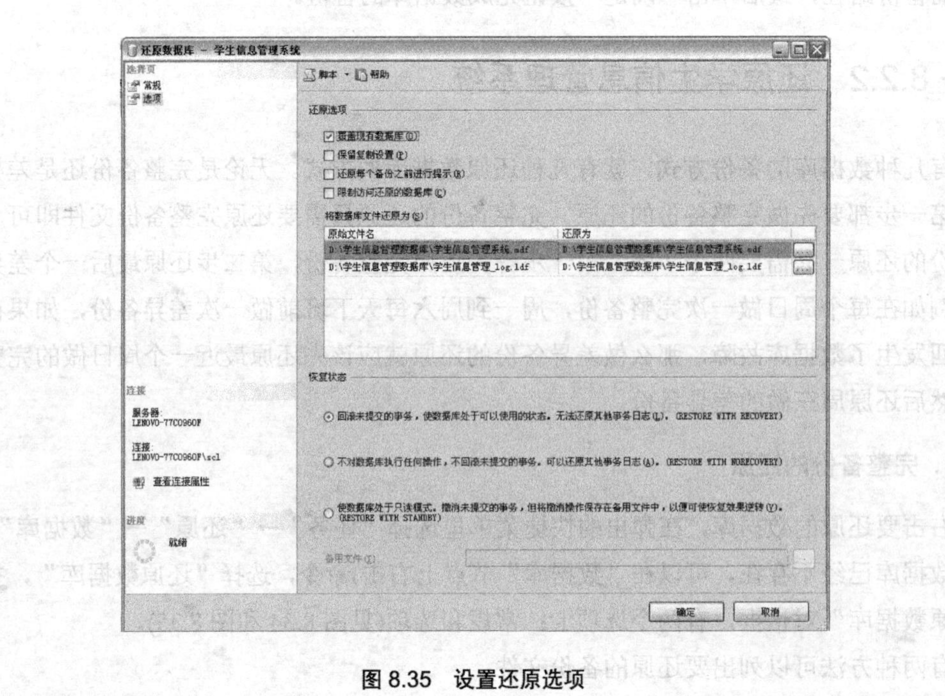

图 8.35　设置还原选项

最后单击“确定”按钮，还原成功后，将在“对象资源管理器”中显示还原后的数据库。

2. 差异备份的还原

差异备份的还原和完整备份的还原的主要区别是选择备份文件的不同，选择完全备份和最后一次差异备份，如图 8.36 所示。

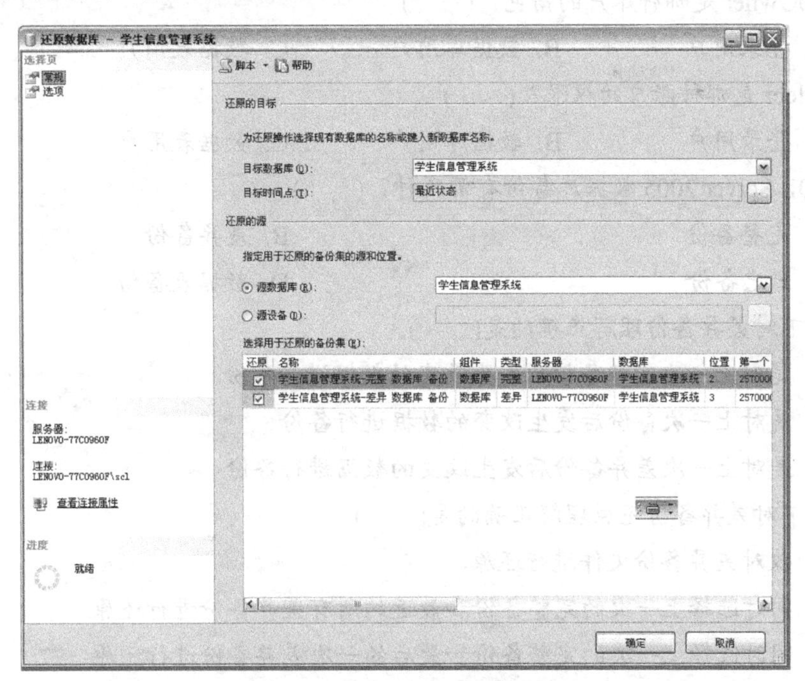

图 8.36 选择还原的备份文件

项 目 总 结

创建登录账户和使用登录账户进入管理 SQL Server 2005 服务器。

创建数据表用户，并设置权限。

数据库的完整备份和差异备份及相应的还原。

练 习 8

1. 选择题

(1) SQL Server 2005 的登录安全验证模式有( )。

A. Windows 身份验证　　　　B. 匿名访问

C. SQL Server 身份验证　　　　　　D. IP 地址

(2) SQL Server 2005 可以创建哪些用户？(　　)

A. 登录用户　　　　B. 数据库用户　　　　C. 数据表用户

(3) Sysadmin 是哪种账户的角色？(　　)

A. 登录用户　　　　B. 数据库用户　　　　C. 数据表用户

(4) DbOwner 是哪种账户的角色？(　　)

A. 登录用户　　　　B. 数据库用户　　　　C. 数据表用户

(5) Select 是哪种账户的权限？(　　)

A. 登录用户　　　　B. 数据库用户　　　　C. 数据表用户

(6) SQL Server 2005 数据库备份有哪几种？(　　)

A. 完整备份　　　　　　　　B. 差异备份

C. 日志备份　　　　　　　　D. 数据表备份

(7) 以下对差异备份理解正确的是(　　)。

A. 是对上一次完整备份后发生改变的数据进行备份

B. 是对上一次备份后发生改变的数据进行备份

C. 是对上一次差异备份后发生改变的数据进行备份

(8) 以下对差异备份还原理解正确的是(　　)。

A. 仅对差异备份文件进行还原

B. 同时选择上一次的完整备份和最近的所有差异备份进行还原

C. 同时选择上一次的完整备份和最后的一次差异备份进行还原

2. 简答题

(1) 如何让新创建的登录账户成为系统管理员？

(2) 简述差异备份。

实　训　8

第一部分　上机任务

(1) 创建登录账号，并分配角色。

(2) 创建数据库用户，并分配权限。

(3) 为数据表指定用户，并分配权限。

(4) 备份和还原数据库。

第二部分　任务实现

任务 1　创建 SQL Server 2005 的登录账号

掌握要点：

(1) 掌握 SQL Server 2005 的身份验证模式。

(2) 学会创建自己的账号，并实现登录。

任务说明：

创建 SQL Server 2005 的登录账号。账号名称 wang，密码 123。并实现用账号 wang 登录 SQL Server 2005。

实现思路：

(1) 以超级管理员的身份进入 SQL Server 2005 的管理平台。

(2) 创建 SQL Server 2005 的登录账号。账号名称 wang，密码 123。

(3) 确保 SQL Server 2005 的身份验证是“SQL Server 和 Windows 身份验证模式”。

(4) 使用新账号 wang 登录 SQL Server 2005。

任务 2　创建学生信息管理系统的用户

任务说明：

为学生信息管理系统数据库创建新用户 user_wang，并指定该用户有访问和更新成绩表的权限，但不能对该表进行插入和删除操作。

实现思路：

(1) 以超级管理员的身份进入 SQL Server 2005 的管理平台。

(2) 为学生信息管理系统数据库创建新用户 user_wang，登录账号选择 wang。

(3) 为成绩表指定用户 user_wang，并赋予查询和更新的权限。

任务 3　为数据库用户指定角色

任务说明：

使学生信息管理系统数据库用户 user_wang 的角色为 db_owner，让其拥有学生信息管理系统的所有权限。

实现思路：

角色 db_owner：表示拥有数据库的所有权限。

任务 4　备份学生信息管理系统

任务说明：

首先要完整备份学生信息管理系统，然后对数据表进行添加、更新、删除操作，最后做差异备份。

实现思路：

数据备份有三种方式，备份文件的后缀为 .bak。

任务 5　还原学生信息管理系统

任务说明：

将任务 4 生成的备份文件还原成学生信息管理系统数据库，主要涉及完整备份和差异备份。

实现思路：

差异备份还原时要同时选择完整备份的文件和差异备份的文件。

项目9　数据库综合应用——网上购物系统

学习任务：

- 对 SQL Server 2005 数据库知识的总结和应用。
- 创建一个完整的管理信息系统。
- 进一步熟练掌握 SQL Server 2005 软件的应用。

技能目标：

- 以“网上购物系统”的设计为例，整合前面所学的知识。
- 完成整个系统的分析、设计与实现。
- 通过“网上购物系统”的实现，将理论知识与实际应用相结合。

项目描述：

随着现代管理信息化的发展，网络及计算机的引入，使管理跃上了一个新的发展平台。人们的生活方式都将向信息化方向扩展，网上购物已经成为人们生活中不可或缺的一部分，与日常生活的联系最为紧密。

为了更好地巩固和加强前面所学的知识，把所学的东西转化为实际应用。我们以“网上购物系统”为例，力求能将前面的知识点串接起来，通过实际的应用，进一步掌握 SQL Server 2005 数据库。

项目目标：

建立网上购物系统，把会员信息及商品供应商的相关信息输入到数据库中，并且把输入的五张表结合在一起，完成一个总关系表。最后就是要运行和实施数据库。

项目 9.1　数据库的需求分析与设计

任务 9.1.1　需求分析的任务及过程

需求分析的任务是调查应用领域，对应用领域中各应用的信息要求和操作要求进行详细设计分析，重点是调查、收集与分析用户在数据管理中的信息要求、处理要求、数据的安全性与完整性要求。对用户进行充分调查，弄清楚他们的实际需求，然后再分析和表达

这些需求。具体步骤如下：①首先是调查商品和生产商及供应商以及注册顾客及它们之间的相互关系。②其次是熟悉各部门的业务活动情况。目的是对现行系统的功能和所需信息有一个明确的认知。例如了解超市商品输入和使用什么数据、如何加工处理这些数据、输出什么信息、输出结果的格式是什么等。③再次是分析用户需求。目的是通过前两项调查结果，对应用领域中各应用的信息要求和操作要求进行详细分析，从中得到信息要求、处理要求和对数据的安全性/完整性的要求。分析结果通常用一组图来表示，主要包括数据流图、数据字典和处理逻辑表达工具等。④最后是确定新系统的边界。目的是确定整个系统中哪些由计算机完成，哪些将来由计算机完成，哪些由人工完成。由计算机完成的功能就是新系统应该实现的功能。

结合该实例的具体情况，给出商品、顾客、制造商和供应商的具体需求。

网上购物业务流程如图 9.1 所示。

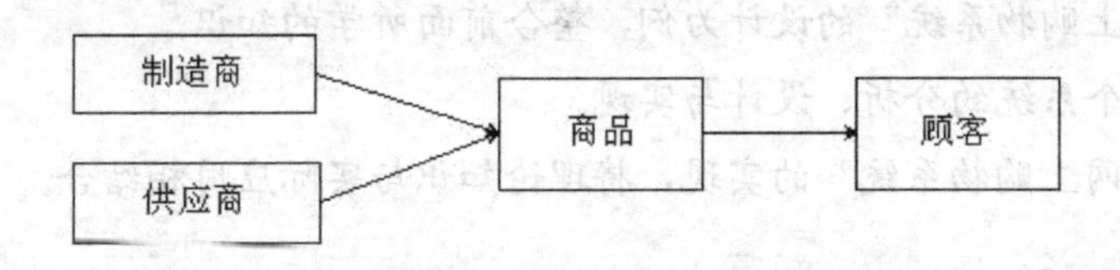

图 9.1　网上购物业务流程图

1. 顾客需求

(1) 查询功能：

- 按商品名字查询。
- 按商品价格查询。
- 查询自己的消费记录。

(2) 修改功能：可以修改自己的密码。

2. 商品管理需求

(1) 查询功能：

- 按出库存量查询商品。
- 按供应商查询商品。
- 查看销售记录。
- 查看销售量。

(2) 插入功能：可以使用 SQL 语句对该表进行增加商品相关信息的插入操作。

(3) 修改功能：可以使用 SQL 语句对该表进行修改操作。

(4) 删除功能：可以使用 SQL 语句对该表进行商品删除操作。

任务 9.1.2　系统数据库设计

1. 数据库的框架

在调查完用户需求之后，就要开始分析用户需求。在此，我们采用自顶向下的结构化分析方法。首先，定义数据库的框架，如图 9.2 所示。

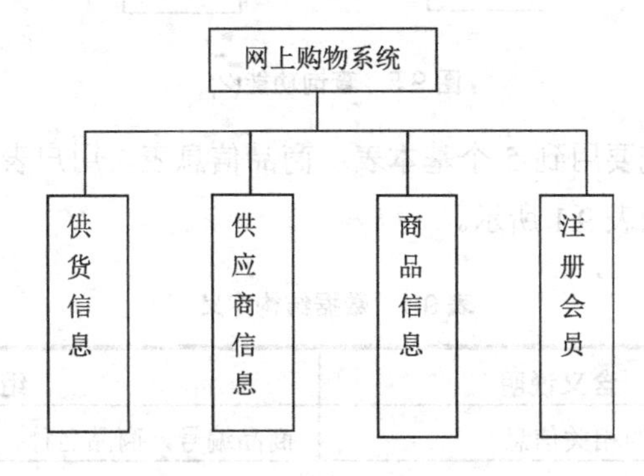

图 9.2　网上购物系统总框架图

各子系统需要进一步细化。以注册会员系统为例进一步细化，如图 9.3 所示。

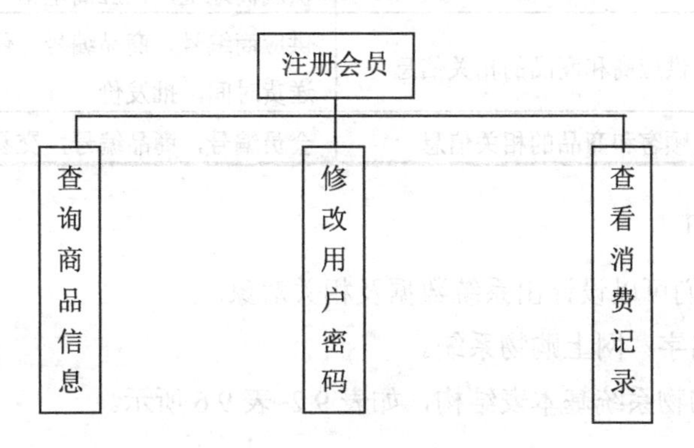

图 9.3　子系统细化

以其中的查询商品信息功能为例进一步细化，如图 9.4 所示。

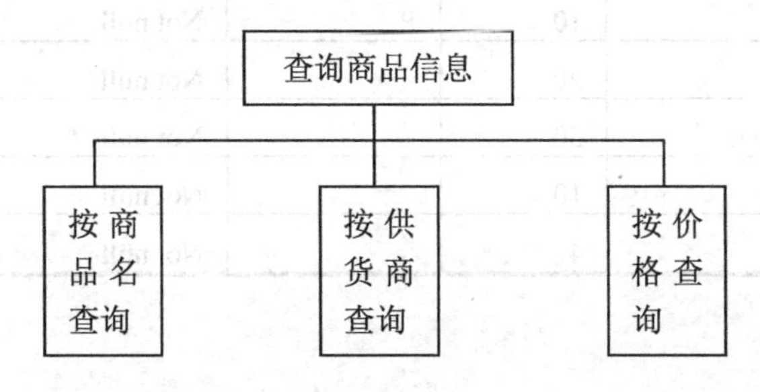

图 9.4　查询功能(1)

以其中的查看消费记录功能为例进一步细化，如图 9.5 所示。

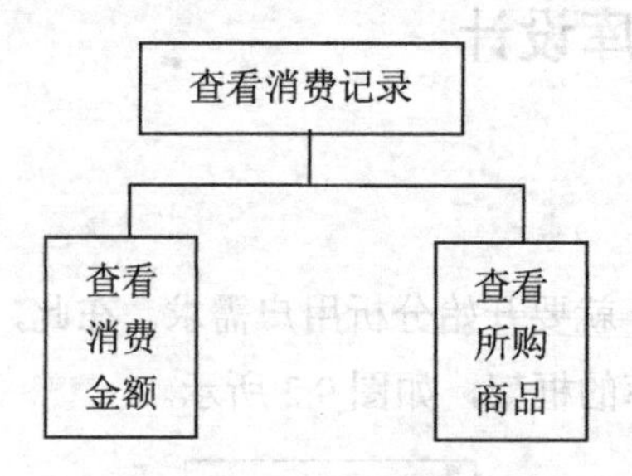

图 9.5　查询功能(2)

经分析之后，本系统要用到 5 个基本表：商品信息表、用户表、订单表、供货商表和供货表。数据结构定义如表 9.1 所示。

表 9.1　数据结构定义

数据结构名	含义说明	组　成
商品信息表	定义商品的相关信息	商品编号，商品名称，价格，库存量
会员信息表	定义注册会员的相关信息	会员 ID，会员姓名，会员密码，住址，账号密码
供应商表	定义供应商相关信息	供应商编号，供应商名称，供应商地址，供应商电话
供货表	定义供应商和商品的相关信息	供应商编号，商品编号，供货量，送货时间，批发价
订单表	定义顾客和商品的相关信息	会员编号，商品编号，交易时间，交易数量

2. 数据库的设计

根据表 9.1，我们可以设计出系统数据及相关对象。

(1) 数据库的名字：网上购物系统。

(2) 给出网上购物系统基本表结构，如表 9.2~表 9.6 所示。

表 9.2　会员信息表

字 段 名	字段类型	长　度	主/外键	字段值约束	对应中文名
clubID	char	10	P	Not null	会员编号
clubname	char	20		Not null	会员名称
clubADDR	varchar	50		Not null	会员地址
clubpword	char	10		Not null	会员密码
clubtotol	int	4		Not null	消费总额

表 9.3 商品信息表

字 段 名	字段类型	长 度	主/外键	字段值约束	对应中文名
ProID	char	20	P	Not null	商品编号
Proname	char	20		Not null	商品名称
Proprice	float			Not null	商品价格
prorepertory	int	4		Not null	库存数量

表 9.4 供应商表

字 段 名	字段类型	长 度	主/外键	字段值约束	对应中文名
SupID	char	10	P	Not null	供货商编号
Supname	varchar	50		Not null	供货商名称
Supaddr	varchar	50		Not null	供货商地址
Supphone	char	15		Not null	供货商电话

表 9.5 供货表

字 段 名	字段类型	长 度	主/外键	字段值约束	对应中文名
SUPID	char	10	P	Not null	供应商编号
PROID	char	20	P	Not null	商品编号
delqty	int	4		Not null	供货数量
deldate	datetime			Not null	供货时间
delprice	float			Not null	供货价格

表 9.6 订单表

字 段 名	字段类型	长 度	主/外键	字段值约束	对应中文名
OrderID	int		P	Not null	订单编号
clubID	char	10		Not null	会员编号
ProID	char	20		Not null	商品编号
retime	datetime			Not null	交易时间
amount	int			Not null	交易数量

任务 9.1.3 数据库的创建

网上购物系统是面向网络销售商，能够实现商品入库管理、商品销售管理、销售情况统计、查询等功能，现使用 SQL Server 2005 创建“网上购物系统”数据库。

1. 数据库的建立

数据库名称为：网上购物系统；数据库存储在“D:\网上购物”文件夹下；主数据库文

件初始大小为 5MB；文件按 15%自动增长；文件大小不受限制；日志文件初始化为 2MB，最大为 50MB；允许自动增长；次数据文件逻辑名为：网上购物__Data；存储在“D:\网上购物”文件夹下；允许自动增长；数据库大小没有限制。

2. 数据表的建立

网上购物系统中商品的基本维护、商品入库、商品销售都会产生很多数据，这些数据都需要使用数据表来进行分类存储，在网上购物系统数据库中需要 5 个表，如表 9.2~表 9.6 所示，在已建好的数据库网上购物系统中分别创建所需的表格。下面我们以会员信息表为例来创建表格。

启动 SQL Server 2005，打开网上购物系统数据库，选择“表”，然后从右键菜单中选择“新建表”命令，出现表设计器，如图 9.6 所示。

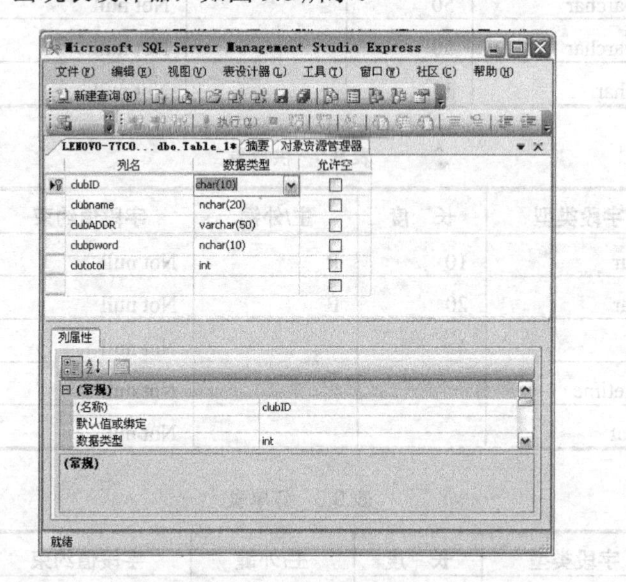

图 9.6　会员信息表结构

要求：

- 为 clubID 字段设置主键约束。
- 为 clubADDR 字段添加默认值约束“济南”。
- 为 clubtotol 字段设置检查约束，clubtotol>0。

建立完成后，单击“保存”按钮，将表命名为“会员信息表”。以同样的方式创建其他表格。

3. 表之间的主外键关系建立

首先我们给出网上购物系统数据库各表之间的主外键关系(见表 9.7)。

表 9.7　网上购物系统数据表之间的主外键关系

主　键		外　键	
主键表名	字 段 名	外键表名	字 段 名
商品信息表	PROID	供货表	PROID
供应商表	SUPID	供货表	SUPID
会员信息表	clubID	订单表	clubID

参考表 9.7 来构建商品信息表 PROID 与供货表 PROID 之间的主外键关系，步骤如下。

(1) 打开供货表设计器，然后从右键菜单中选择“关系”命令，弹出“外键关系”对话框，如图 9.7 所示。

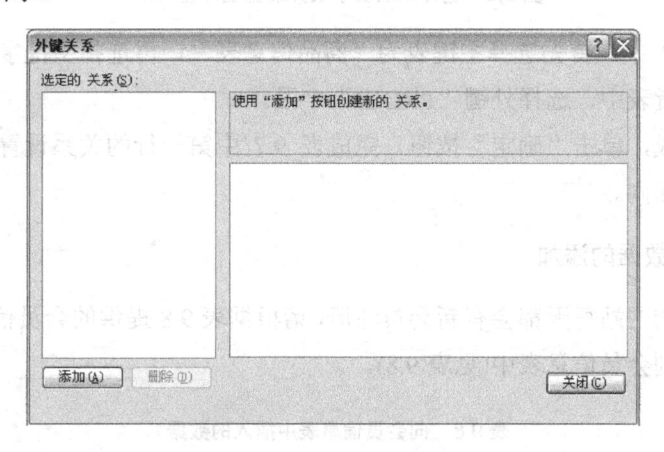

图 9.7　设置主外键关系

(2) 在图 9.7 中，单击“添加”按钮，在如图 9.8 所示对话框中，将右侧 “(名称)”编辑框中的内容改为“FK_商品信息表_供货表”。再单击表格“表和列规范”编辑框中小按钮，弹出如图 9.9 所示的对话框，设置主外键关系。

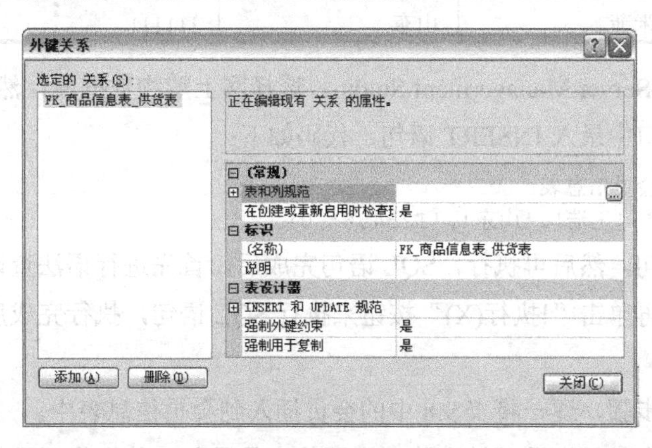

图 9.8　新增外键关系

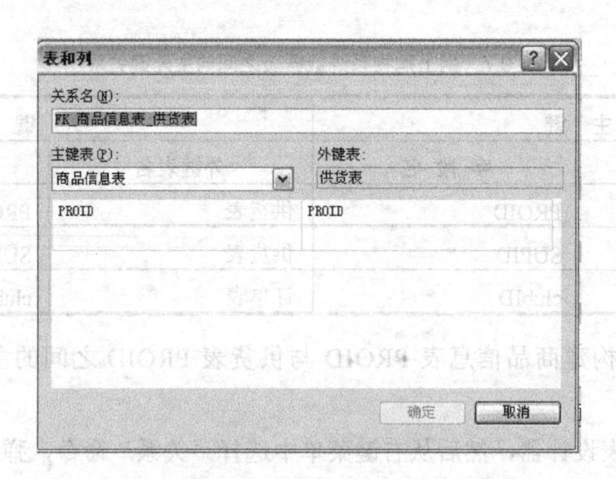

图 9.9　选择主表及子表并设置主外键字段

(3) 在图 9.9 中，首先选择主键表为“商品信息表”，再选择主键字段“PROID”；其次在外键表供货表中，选择外键“PROID”字段。

(4) 设置完成，单击“确定”按钮，完成表 9.7 中第一行的关系设置。其他主外键设置步骤与该过程相同。

4. 数据表中数据的添加

在线网上购物网站每天都会有新会员注册，请根据表 9.8 提供的会员信息，使用 T-SQL 语句将数据插入到会员信息表中(见表 9.8)。

表 9.8　向会员信息表中插入的数据

clubID	clubname	clubADDR	clubpword	clubtotol
1001	王浩	山东	123456	300
1002	李红丽	北京	888888	600
1003	张鑫	河南	000000	400
1004	米菲	山东	111111	200

(1) 启动 SQL Server Managerment Studio，选择网上购物数据库，然后新建查询窗口。

(2) 在查询窗口中录入 INSERT 语句，代码如下：

```
INSERT INTO 会员信息表
VALUES('1001','王浩','山东','123456',0)
```

(3) 先检查语句，然后再执行，SQL 语句完成后，首先进行语法查询，单击“ √”，语句检查通过后，再单击“!执行(X)”按钮来执行 SQL 语句，执行完成后，打开表查看数据是否正确插入。

(4) 按照上述步骤，逐一将表 9.8 中的会员插入到会员信息表中。

为了方便用户有效地浏览网站购物，需要将商品录入，首先将下面的数据保存到相应的表中(见表 9.9~表 9.11)。

表 9.9 商品信息表

ProID	Proname	proprice	prorepertory
SP001	彩电	5000.00	300
SP002	冰箱	4600.00	200
SP003	计算机	5700.00	500
SP004	空调	8100.00	700

表 9.10 供货商表

SupID	Supname	Supaddr	Supphone
GH1001	王丽	济南	0531-86015858
GH1002	李红	北京	010-56013456
GH1003	张伟	潍坊	0536-76901234
GH1004	刘一飞	山东济南	0531-89006900

表 9.11 供货表

SUPID	PROID	delqty	deldate	delprice
GH1001	SP001	100	2011-5-6	5000.00
GH1003	SP002	50	2011-6-7	4600.00
GH1003	SP003	200	2011-6-8	5700.00
GH1004	SP004	300	2011-7-8	8100.00

项目 9.2 网上购物系统的应用

任务 9.2.1 模拟会员在线订购商品

会员“米菲”登录网上购物网站后，订购了 2 台彩电和 1 台空调，请使用 SQL 语句实现该业务，如表 9.12 所示。

表 9.12 米菲订购的商品

订单编号	会员编号	商品编号	交易时间	交易数量
1	1004	SP001	2011-7-8	2
2	1004	SP004	2011-7-8	1

实现思路：

(1) 首先向订单表中插入两个订单记录，插入成功后，应得到该订单的订单编号(OrderID)。

(2) 订购成功后，应该减少供货表中的供货数量。

实现步骤：

(1) 向订单表中插入订单记录。

参考代码：

```
INSERT INTO 订单表(orderID,clubID, PROID, retime, amount)
  VALUES(1,'1004','SP001','2011-7-8',2)

INSERT INTO 订单表(orderID,clubID, ProID, retime, amount)
  VALUES(2,'1004','SP004','2011-7-8',1)
```

(2) 减少供货表中库存数量：

参考代码：

```
UPDATE  供货表
SET delqty= delqty-2 WHERE ProID='SP001'
UPDATE  供货表
SET delqty= delqty-1 WHERE ProID='SP004'
```

任务 9.2.2　模拟订单修改业务

会员“米菲”发现订错了商品，本应该订购 2 台电脑和 1 台空调，她误订购了彩电，请编写 SQL 语句调整她的订单。

实现思路：

(1) 首先应删除订单表中的彩电记录。

(2) 将供货表中的彩电数量累加 2。

(3) 向订单表中插入 2 台电脑记录。

(4) 将供货表中的电脑数量减 2。

实现步骤：

按照上面的实现思路，给出部分代码。

参考代码：

```
DELETE  FROM 订单表
WHERE  ProID='SP001'
UPDATE  供货表
SET delqty= delqty+2 WHERE ProID='SP001'
…
```

任务 9.2.3　查找一个月内的订单

查找在线网上购物系统一个月内的订单，要求显示“订单编号、客户编号、商品编号、订购日期”。

实现思路：

(1) 启动 SQL Server Managerment Studio，选择网上购物系统数据库，然后新建查询窗口。

(2) 在查询窗口中录入 SELECT 语句。

分析 SELECT 语句中的关键代码，关键问题是如何确定一个月内的订单。

首先，我们规定一个月为 30 天，其次，确定 30 天之内的订单，即当前日期减去订购日期小于等于 30(即当前日期-订购日期<=30)。再次，需要使用日期函数 DATEDIFF 计算日期的差值。

(3) 先检查语法，然后再执行。

实现步骤：

(1) 启动 SQL Server Management Studio。

(2) 录入 SELECT 语句，参考代码如下：

```
SELECT orderID AS 订单编号,clubID  AS  客户编号, ProID AS 商品编号,
retime  AS 订购日期   FROM 订单表
WHERE  DATEDIFF(dd, getdate(), retime)<=30
```

(3) SQL 语句录入完成后，首先进行语法查询，单击“√”，语法检查通过后，再单击“! 执行(X)”按钮来执行 SQL 语句。执行完成后，打开表查看数据是否正确插入。

任务 9.2.4　统计不同商品的订购情况

统计不同种商品订购的总数量，要求只显示“商品编号、交易总数量”两列信息。

实现思路：

(1) 订单表中存储着所有的订单信息，所以对订单表进行统计。

(2) 需要按商品编号进行分组，分别统计出每一种商品的总数量，分组应使用 GROUP BY 关键字。

实现步骤：

(1) 启动 SQL Sever Management Studio，选择网上购物系统数据库，从右键菜单中选择“新建查询”命令。

(2) 按照实现思路编写 SQL 语句。

(3) 录入 SELECT 语句，参考代码如下：

```
SELECT  ProID  AS 商品编号 , sum(amount)  AS 交易总数量
 FROM 订单表
GROUP  BY  ProID
```

任务 9.2.5　查询指定会员的详细信息

查询会员“米菲”在半年内详细的订单信息，要求显示“订单编号、会员名称、商品

名称、交易数量、交易时间”，最后按订单编号和交易数量进行升序排序。

实现思路：

(1) 详单信息存储在订单表中，但要求显示的“会员名称”存储在会员信息表中，商品名称存储在商品信息表中，交易数量、交易时间存储在订单表中，涉及3个表，需要使用多表内连接查询。

(2) 查询半年内的订单，需要使用WHERE子句过滤。

(3) 执行SQL语句。

实现步骤：

(1) 3个表的内连接思路为：首先进行两表关联，然在结果集的基础上进行关联。

(2) 编写过滤条件，要求显示会员“米菲”，并且是半年内的订单。

(3) 最后按照订单编号和交易数量进行升序排序。

参考代码如下：

```
SELECT  b.orderID AS 订单编号, a.clubname AS 会员名称,
 b.amount  AS 交易数量, b.retime AS 交易时间
   FROM 会员信息表 AS a  inner join 订单表 AS b
ON a.clubID=b.clubID
Inner join 商品信息表 AS c
ON b.proID=c.proID
WHERE a.clubname='米菲'
and b.retime BETWEEN DATEADD(mm, -6, getdate()) and getdate()
Order BY b.orderID, b.amount
```

任务 9.2.6　查找没有订单的会员

查找哪些会员还没有从网上订购过商品，将这些会员的姓名、居住城市显示出来，并按会员编号降序排序。

实现思路：

(1) 会员信息表存储会员信息，订单表存储会员订单信息，查找没有订单的会员，其实就是查询会员信息表中哪些会员没有在订单表中出现过。可以使用左外连接进行查询，然后过滤结果集中订单编号为NULL的信息。

(2) 使用ORDER BY子句按照会员编号进行降序排序。

(3) 执行SQL语句，观察结果。

实现步骤：

(1) 使用左外连接查询没有订单的会员。设会员信息表为左表，订单表为右表，按照两个表中的clubID进行关联。

(2) 编写WHERE条件过滤订单编号是NULL的信息。

(3) 编写ORDER BY子句，对结果集按会员编号进行降序排序。

项目 9.3 网上购物系统的安全管理

任务 9.3.1 为网上购物系统创建账号

创建一个登录账号。账号名称 wsgw，密码 123456。并用账号 wsgw 登录 SQL Server 2005，实现对网上购物系统的管理。为网上购物系统创建新用户 user_wsgw，并指定该用户有访问、更新、插入和删除操作的权限。

实现思路：

(1) 以超级管理员的身份进入 SQL Server 2005 的管理平台。

(2) 创建 SQL Server 2005 的登录账号。账号名称 wsgw，密码 123456。

(3) 确保 SQL Server 2005 的身份验证是 SQL Server 和 Windows 身份验证模式。

(4) 使用新账号 wsgw 登录 SQL Server 2005。

(5) 为数据库网上购物系统创建新用户 user_wsgw，登录账号选择 wsgw。

(6) 为数据表指定用户 user_wsgw，并赋予查询、更新、添加和删除的权限。

任务 9.3.2 备份和恢复网上购物系统

为保护数据库，以防出现意外事故而导致数据库被破坏或数据丢失，对使用的数据库要定时进行备份，首先要完整备份网上购物系统，然后对数据表进行添加、更新、删除操作，最后做差异备份。如果数据库在应用过程中出现问题，能及时对数据库进行恢复。

实现思路：

(1) 在 D 盘创建本地磁盘备份设备。

(2) 利用建好的备份设备备份网上购物系统数据库。

(3) 删除数据库中的商品信息表。

(4) 从数据库备份中恢复数据库。

(5) 验证被删除的表是否被恢复。

项 目 总 结

本项目通过网上购物系统数据库的应用，理论联系实际，加深了对前面知识的理解，使学生们进一步掌握数据库的应用技能，为将来使用 SQL Server 2005 打好基础。

附录　习题答案

项目 1

1．选择题

(1) A

(2) A

2．简答题

(1) 答：层次模型的特点是数据结构类似金字塔，不同层次之间的关联直接而且简单；缺点是数据纵向发展，横向关系难以建立，数据可能会重复出现，造成管理维护的不便。

网状模型数据之间的联系通过指针实现，具有良好的性能，存取效率较高。能够更为直接地描述现实世界，如一个节点可以有多个双亲。

网状模型的缺点：随着应用环境的扩大，数据库的结构会变得越来越复杂，编写的应用程序也会更加复杂，程序员必须熟悉数据库的逻辑结构。

关系模型结构简单、格式惟一，理论基础严格，而且数据表之间是相对独立的，它们可以在不影响其他数据的情况下进行数据增加、修改和删除操作。关系模型是目前市场上使用最广泛的数据模型。

面向对象模型：①与关系型数据库相比其伸缩性和扩展性有很大提高，特别是在大型数据库应用系统中，可以处理复杂的数据模型和关系模型。②可避免数据库内容冗余，面向对象模型利用继承的方法可以实现数据的重用。③提高了对数据库中大对象(文本、图像、视频)信息的描述、操纵和检索能力。

说了这么多优点，读者可能会问，那为什么面向对象类型的数据库还没取代关系模型数据库呢？其实面向对象数据模型也有先天不足，最突出的缺点是缺乏关系型数据模型那样坚实成熟的理论基础，并具有糟糕的运行效率。

(2) 答：企业版、开发人员版、标准版、工作组版、精简版。

项目 2

1．选择题

(1) B　C

(2) B

(3) C

2．简答题

(1) 答：主数据库文件、辅助数据文件、事务日志文件。

(2) 答：分离数据库实际上只是从 SQL Server 2005 系统中删除数据库，组成该数据库的数据文件和事务日志文件依然完好无损地保存在磁盘上。使用这些数据文件和事务日志文件可以将数据库再附加到任何其他机器的 SQL Server 2005 系统中，而且数据库在新系统中的使用状态与它分离时的状态完全相同。

附加数据库就是把分离的数据库再加入到 SQL Server 2005 系统中。

3．作业(略)

项目 3

1．选择题

(1) B

(2) C

(3) B

(4) A

(5) A

(6) A

2．简答题

(1) 答：约束包括 PRIMARY KEY 约束、CHECK 约束、FOREIGN KEY 约束、UNIQUE 约束和 DEFAULT 约束。

主键约束可以惟一标识数据表中每一条记录，避免数据冗余。主键约束需要指定一列，这个列中不同的值能够表示不同的实体。

外键约束是为了使两个关联表数据保持同步。这时就应该建立一种“引用”关系，确保“子表”中的某列数据必须在“主表”中存在，以避免上述问题。其中“外键”就可以达到这个目的。外键是对主键而言的，就是“子表”中的某列对应于“主表”中的“主键”列。

检查约束就是用指定的条件(逻辑表达式)检查，限制输入数据的取值范围，用于保证数据的参照完整性和域完整性。

非空约束是一种最简单的数据库约束，可设置为 Not Null(不允许为空)。

默认约束：在设计表的时候，可以在表的下方“默认或绑定”信息框中输入默认值。

(2) 答：主表与子表的关系是，确保“子表”中的某列数据必须在“主表”中存在，就是“子表”某列对应于“主表”中的“主键”列。它的值要求必须在主表的主键列中事先存在，主外键是用于实现引用完整性的。

3. 作业 (略)

项目4

1. 选择题

(1) B D

(2) A B

(3) A B

(4) B

(5) D

(6) D

(7) D

(8) D

(9) A

2. 简答题

(1) 答：删除整个表的数据，还可以使用 Truncate Table 语句，它相当于一个没有 WHERE 子句的 DELETE 语句。与 DELETE 相比，它在执行时使用的系统资源和事务日志更少，执行速度更快。

(2) 答：可以更新，更新主键列数据，保证更新后的主键列数据不能出现重复信息，否则将更新失败。

(3) 答：模糊查询时，字段中的内容并不一定与查询内容完全匹配，只要字段中含有这些内容。模糊匹配运算符与 LIKE 关键字配合使用，表示一个模糊的范围。模糊查询包含以下通配符：

运 算 符	含 义	示 例
%	任意长度的字符串	姓名 Like ‘李%’
‘_’	任意一个字符	姓名 Like ‘张_’
[]	在指定范围内的一个字符	A Like ‘A6C8[1-5]’
[^]	不在指定范围内的任意一个字符	A Like ‘A6C8[^1-6]’

3. 作业

(1) 向学生信息表中添加一条记录：'201100001122'，'宋佳'，'女'，21,'山东'。

```
INSERT INTO  学生信息(学号,姓名,性别,年龄,家庭住址)
VALUES('201100001122','宋佳','女',21,'山东')
```

(2) 修改成绩表，让选修了课程编号为 1 的成绩都增加 10。

```
UPDATE  成绩表
SET 成绩=成绩+10  WHERE 课程编号=1
```

(3) 删除成绩表中选修了课程编号为 100 的所有记录。

```
DELETE  FROM 成绩表
WHERE 课程编号=100
```

(4) 查询学生信息表中学生的学号、姓名、性别。

```
SELECT 学号 姓名,性别 FROM  学生信息
```

(5) 查询学生信息表中的前 10 条记录。

```
SELECT  top 10  *  FROM  学生信息
```

(6) 查询学生信息表中前 20%的同学。

```
SELECT  top 20 percent  *  FROM  学生信息
```

(7) 查询学生信息表中的男同学。

```
SELECT  *  FROM 学生信息
WHERE  性别='男'
```

(8) 查询学生信息表中的前 10 个女同学。

```
SELECT  TOP  * FROM 学生信息
WHERE  性别='女'
```

(9) 查询学生信息表中家庭地址是“湖南”的同学。

```
SELECT  *  FROM 学生信息
WHERE 家庭地址='湖南'
```

(10) 查询学生信息表中姓李的学生情况。

```
SELECT  *   FROM    学生信息
WHERE 姓名  LIKE '李%'
```

(11) 查找成绩表中成绩大于 80 的学生情况。

```
SELECT  *  FROM 成绩表
WHERE 成绩>80
```

(12) 查找成绩表中成绩在 80 到 100 之间的学生成绩。

```
SELECT  *  FROM 成绩表
WHERE 成绩 BETWEEN  80  AND 100
```

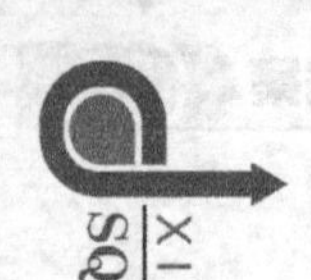

(13) 为成绩表中成绩大于 80 的学生按照成绩进行降序排列。

```
SELECT  *  FROM 成绩表
WHERE 成绩>80
ORDER BY 成绩 DESC
```

(14) 为成绩表中成绩大于 80 的男学生按照成绩进行降序排列。

```
SELECT  *  FROM 成绩表
WHERE 成绩>80 AND 性别='男'
ORDER BY 成绩 DESC
```

(15) 查询家庭地址是“北京”、“上海”、“湖南”、“湖北”的学生。

```
SELECT  *  FROM 学生信息
WHERE 家庭地址 IN('湖南','北京','上海','湖北')
```

项目 5

1．选择题

(1) A

(2) D

(3) D

(4) B

(5) B

2．简答题

(1) 答：左外连接取左表的全部记录，按指定条件与右表中满足条件的记录进行连接，若右表中没有满足条件的记录，则在相应字段填入 NULL(Bit 位类型字段填 0)。但条件不限制左表，左表的全部记录都包括在结果集中，以保持左表的完整性。

(2) 答：HAVING 能够使用的语法与 WHERE 几乎是一样的，它们的不同点是 WHERE 子句只能对没有分组统计前的数据进行筛选，对分组后的数据做筛选必须使用 HAVING，并且只能与 GROUP BY 子句配合使用。

(3) 答：AVG 函数返回数值列的平均值。其中数据列中 NULL 值不包括在计算中。

3．作业

(1) 查询成绩表中不及格的学生信息，要求以成绩降序排列。(order by)

```
SELECT 编号,学号,课程编号,成绩
FROM 成绩表
WHERE 成绩 <60
ORDER BY 成绩  DESC
```

(2) 分组统计学生信息表中男生和女生的人数。(group by)

```
SELECT 性别, COUNT (*) as 人数
FROM 学生信息 GROUP BY 性别
```

(3) 统计成绩表中学生的总成绩、平均成绩。

```
SELECT SUM(成绩) as 总成绩 , AVG(成绩) as 平均成绩 FROM 成绩表
```

(4) 统计学生信息表中学生姓名以“李”开头的学生人数。

```
SELECT COUNT (*) as 人数
FROM 学生信息 WHERE 姓名 like '李%'
```

(5) 在成绩表中按照学号统计每个同学所选课程总成绩。

(6) 内连接成绩表和课程信息表，要求显示成绩大于 80 的学号、成绩，课程信息表中的课程名称。

```
SELECT a.学号, b.课程名称, a.成绩
FROM 成绩表 as a inner join 课程信息 as b
ON a. 课程编号=b.课程编号
WHERE 成绩>80
```

(7) 使用左外连接查询课程信息与成绩表中的数据。

```
SELECT a.*, b.*
FROM 课程信息 as a left join 成绩表 as b
ON a.学号=b.学号
```

(8) 使用右外连接查询课程信息与成绩表中的数据。

```
SELECT a.*, b.* FROM 课程信息 as a
right join 成绩表 as b
ON a.学号=b.学号
```

(9) 查找选修了课程编号为 12 的学生的基本信息。

```
SELECT * FROM 学生信息
WHERE 学号 in( SELECT 学号 FROM 成绩表
WHERE 课程编号=12 )
```

(10) 查找男同学的选修课的信息。

```
SELECT * FROM 学生信息
WHERE 性别='男' and
学号 in( SELECT 学号 FROM 成绩表)
```

项目 6

1. 选择题

(1) C

(2) B

(3) D

(4) C

(5) B

2. 简答题

(1) 答：数据表是数据库中真正存储数据的实体对象，是物理的数据源表，也称为基表。

视图是源于一个或多个数据表的动态逻辑虚拟表，在引用视图时动态生成。其数据仍然存放在数据表中。视图对象在数据库中只存放视图的定义语句，而不存储其操作使用的数据，对视图中数据的操作，实际上是对基表中数据的操作。

(2) 答：

① 为用户集中数据、简化查询和处理。

② 屏蔽数据库的复杂性。

③ 简化用户权限的管理。

④ 实现真正意义上的数据共享。

⑤ 重新组织数据。

(3) 答：视图的字段中不能包含计算列——计算列是不能更新的。创建视图的 SELECT 语句不能使用 GROUP BY、UNION、DISTINCT 或 TOP 子句。创建视图的 SELECT 语句用 FROM 指定的数据源可以一层一层地引用，但最终应至少包含一个数据表。当视图依赖多个数据表时，不能通过视图给各个表插入或删除记录，只可以对某个数据进行更新，一次只能修改一个表的数据。对于依赖于多个基本表的视图，不能使用 DELETE 语句。

3. 作业

(1) 在成绩表中为不及格的学生创建一个视图。

```
CREATE VIEW view_xscj
     AS
     SELECT  *  FROM  成绩表
     WHERE 成绩<60
```

(2) 创建视图，存放学生信息表中学生姓名以“李”开头的学生信息。

```
CREATE VIEW view_xsxm
     AS
     SELECT  *  FROM  学生信息
     WHERE 姓名 like '李%'
```

(3) 创建视图，要求显示成绩表中的学号、成绩、课程信息表中的课程名称。

```
CREATE VIEW view_选课信息
     AS
     SELECT  a.学号, a.成绩, b. 课程名称
     FROM  成绩表  AS  a  Join 课程信息 AS  b
     ON  a.课程编号=b.课程编号
```

(4) 创建视图，查找选修了课程编号为12的男同学的基本信息。

```
CREATE VIEW view_男生选课信息
     AS
     SELECT  a.学号, a.姓名 , a.性别, b.课程编号,b.成绩
     FROM  学生信息  AS  a  Join 成绩表 AS  b
     ON  a.学号=b.学号
    WHERE  a.性别='男'  and  课程编号=12
```

(5) 为学生信息表创建视图，要求视图中只包括女同学。

```
CREATE VIEW view_ nv
     AS
     SELECT  *  FROM  学生信息
    WHERE  性别='女'
```

项目 7

1. 选择题

(1) A

(2) B

(3) D

2. 简答题

(1) 答：索引是一个表或视图上创建的对象，当用户查询索引字段时，它可以快速实施数据检索操作。索引就如同书中的目录，书的内容类似于表的数据，书中的目录通过页号指向书的内容，同样，索引提供指针以指向存储在表中指定字段的数据值。借助于索引，执行查询时不必扫描整个表就能够快速找到所需要的数据。

(2) 答：聚集索引对表的物理数据页中的数据按列进行排序，然后再重新存储到磁盘上，即聚集索引与数据是混为一体的。由于聚集索引对表中的数据一一进行了排序，因此用聚集索引查找数据很快。表的数据行只能以一种排序方式存储在磁盘上，所以一个表只能有一个聚集索引。非聚集索引具有与表的数据完全分离的结构，使用非聚集索引不用将物理数据页中的数据按列排序。非聚集索引中存储了组成非聚集索引的关键字的值和行定位器。行定位器的结构和存储内容取决于数据的存储方式，非聚集索引将行定位器按关键字的值用一定的方式排序，这个顺序与表的行在数据页中的排序是不匹配的。

(3) 答：随着数据行的插入、删除和数据页的分裂，有些索引页可能只包含几页数据，另外应用在执行大块I/O的时候，重建非聚集索引可以降低分片，维护大块I/O的效率。下面情况下需要重建索引：

- 数据和使用模式大幅度变化。
- 排序的顺序发生改变。

- 要进行大量插入操作或已经完成。
- 由于大量数据修改，使得数据页和索引页没有充分使用而导致空间的使用超出估算。当重建聚集索引时，这张表的所有非聚集索引将被重建。

3．作业

(1) 在成绩表中按照“学号”和“课程编号”创建一个聚集索引。

```
CREATE  INDEX  IN_XH
     ON 成绩表(学号，课程编号)
```

(2) 在学生信息表中按照“性别”创建一个非惟一索引。

```
CREATE  INDEX  IN_XB
     ON 学生信息(性别)
```

(3) 在成绩表中按照成绩创建索引，要求按照成绩降序排列。

```
CREATE  INDEX  IN_CJ
     ON 成绩表(成绩 DESC)
```

项目 8

1．选择题

(1) A C

(2) A B C

(3) A

(4) B

(5) C

(6) A B C

(7) A

(8) C

2．简答题

(1) 答：为新创建的登录账户设置服务器角色 sysadmin(系统管理员)、dbcreator(创建或修改数据库)、serveradmin(服务器管理员)等，就可以成为系统管理员。

(2) 答：差异数据库备份只会针对自从上次完全备份后有变动的部分进行备份处理，这种备份模式必须搭配完全数据库备份一起使用，最初的备份使用完全备份保存完整的数据库内容，之后则使用差异备份只记录有变动的部分。由于差异数据库备份只备份有变动的部分，因此比起完全数据库备份来说，通常它的备份速度会比较快，占用的空间也会比较少。对于数据量大且需要经常备份的数据库，使用差异备份可以减少数据库备份的负担。